"十三五"高等职业教育计算机类专业规划教材

客户端应用技术

KEHUDUAN YINGYONG JISHU

朱蓓芳　王向中　王应喜　主编

U0310206

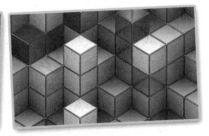

中国铁道出版社有限公司
CHINA RAILWAY PUBLISHING HOUSE CO., LTD.

内 容 简 介

　　本书从 Web 前端开发岗位所需的基本知识和基本技能出发，讲解了 HTML 技术、CSS 技术和 JavaScript 技术的基本知识和应用技能。本书以教学项目为引领、学习任务为驱动的技能培养思路进行编写，注重职业技能的培养和知识的应用能力训练，实现"做中学"的目标。所有教学项目均来自于 Web 前端开发岗位的主要工作任务，使读者在学习后可以将学习的成果直接应用于自己的实际开发项目中，实现了学习和工作的有效衔接。在知识的学习方面，始终围绕教学项目和学习任务展开，不追求全面而注重常用，努力实现学习 20% 的知识能够解决 80% 的问题的目标。

　　为了更好地帮助读者学习本书的相关知识和技能，我们还构建了开放课程网站，有配套的教学 PPT、练习题、源代码、教学视频和教学设计等资源，可在中国铁道出版社有限公司教学资源网 http://www.tdpress.com/51eds/进行下载。

　　本书适合作为高等和中等职业院校计算机相关专业的教材，也可作为相关工程技术人员和爱好者的自学用书。

图书在版编目（CIP）数据

客户端应用技术 / 朱蓓芳，王向中，王应喜主编. —北京：
中国铁道出版社有限公司，2020.6
"十三五"高等职业教育计算机类专业规划教材
ISBN 978-7-113-26778-0

Ⅰ. ①客… Ⅱ. ①朱… ②王… ③王… Ⅲ. ①网页制作
工具-程序设计-高等职业教育-教材 Ⅳ. ①TP393.092.2

中国版本图书馆 CIP 数据核字（2020）第 078345 号

书　　名：客户端应用技术
作　　者：朱蓓芳　王向中　王应喜

策　　划：孙晨光　　　　　　　　　　　编辑部电话：（010）51873628
责任编辑：汪　敏　冯彩茹
封面设计：刘　颖
责任校对：张玉华
责任印制：樊启鹏

出版发行：中国铁道出版社有限公司（100054，北京市西城区右安门西街 8 号）
网　　址：http://www.tdpress.com/51eds/
印　　刷：三河市航远印刷有限公司
版　　次：2020 年 6 月第 1 版　　2020 年 6 月第 1 次印刷
开　　本：787 mm×1 092 mm　1/16　印张：12.25　字数：303 千
书　　号：ISBN 978-7-113-26778-0
定　　价：36.00 元

前　言

随着互联网应用的不断演进，Web 开发技术已经成为软件开发领域的主流技术。无论是 Java 技术、ASP.NET 技术，还是 PHP 技术，在软件开发的过程中都离不开客户端技术的应用。因此，"客户端应用开发"课程已经成为计算机类专业，尤其是软件类专业的必修课。同时，随着软件开发技术的不断发展以及互联网和物联网技术的不断发展和应用的不断广泛，软件企业的工作岗位也发生了新的变化。前端开发作为一个独立的岗位，从软件开发岗位中剥离出来，并且随着应用的不断深入，对人才的需求也不断增加，而前端开发岗位的核心技术和基础技术正是客户端开发技术，因此，客户端开发技术正越来越受到各个学校，尤其是职业类院校的重视。

本书根据前端开发员岗位标准进行编写，主要内容包括基本图文编排、列表应用、表格应用、表单应用、网页导航实现、网页布局、JavaScript 应用等。本书的主要特色是紧密结合前端开发员、软件开发员从事项目开发的工作实际，采用项目化的教学模式，以工作任务为驱动，将前端开发员、软件开发员的相关岗位技术的能力要求和技术要求融合于学习项目中，对相关理论知识只做简单阐述，在教学过程中将重点放在对学生实践能力的培养上。学生通过对学习项目的学习和训练，不仅掌握了前端开发中所需的基础知识和基本技能，而且了解了 Web 开发中有关前端开发的工作流程和工作方法，使学生到软件企业就业后能很快适应前端开发员和软件开发员的日常工作。同时，本书中的学习项目来源于真实的软件开发项目，学生可以将所学习的项目直接应用于其所开发的项目中，从而实现自己代码的积累。另外，本书每章都配有针对性的练习，可以帮助读者理解和掌握所学的知识和技能。

本书也是南京铁道职业技术学院省级网络在线开放课程"客户端应用程序开发"的指定教材，该在线课程为教师和学生提供了丰富的教学资源和学习资源，主要包括课程标准、学习视频、网络测试、学习项目教学素材等。目前，该在线课程已在中国大学慕课网上发布。

本书由南京铁道职业技术学院朱蓓芳、王向中和王应喜主编，蒋明华参编。具体编写分工如下：项目一和项目二由朱蓓芳编写，项目三和项目四由王向中编写，项目五和项目六由朱蓓芳和蒋明华共同编写，项目七和项目八由王应喜编写。

本书在编写过程中得到了江苏省教育厅职教处、南京铁道职业技术学院的大力支持，在此谨表感谢。

由于时间仓促，加之编写人员水平有限，书中难免存在疏漏和不足之处，恳请读者批评指正。

编　者

2020 年 4 月

目 录

项目 1 基本图文混排

学习目标：

（1）能使用编辑工具，创建 HTML 文档。

（2）能合理使用常用的 HTML 标签，呈现网页内容。

（3）能应用 CSS 对页面及页面元素进行格式化处理。

学习任务：

（1）基本网页搭建：创建新闻页。

（2）图文混排页面：创建"诗词欣赏"页面。

（3）格式化排版：对"诗词欣赏"页面进行格式化处理。

任务 1 基本网页搭建

通过任务 1 的学习，将创建第一个 HTML 页面，认识 HTML 文档的基本结构，对 HTML 标签有一个初步理解。

1.1.1 创建新闻页

创建一个包含基本标签的新闻网页，效果图如图 1-1 所示。

图 1-1 包含基本标签的新闻页面效果

1.1.2 知识学习

1. 网页前端开发技术

学习 Web 前端开发基础技术需要掌握 HTML、CSS、JavaScript 语言。下面先了解这 3 种语言都是用来实现什么的。

（1）HTML 是网页内容的载体。内容就是显示在浏览器中的文字、图片、视频等信息。

（2）CSS 样式是内容的表现。例如，字体、颜色或背景、边框等，所有这些用来改变内容外观的东西称为表现。

（3）JavaScript 用来实现网页上的特殊效果。例如，鼠标指针滑过，弹出下拉菜单；或鼠标指针滑过，表格的背景颜色改变，还有广告图片的轮换显示。可以这么理解：网页上的交互和动画一般是用 JavaScript 来实现的。

如下所示的这段代码中，<html>、<head>、<body>、<h1>等是 HTML 中的标签，<style>标签中定义了一级标题<h1>的显示格式（颜色、对齐），<script>标签中的这行代码，实现在页面中弹出一个信息提示窗口。

```html
<!DOCTYPE HTML>
<html>
    <head>
        <meta http-equiv="Content-Type" content="text/html; charset=utf-8">
        <title>Html 和 CSS 的关系</title>
        <style type="text/css">
        h1{
            color:#930;
            text-align:center;
        }
        </style>
    </head>
    <body>
        <h1>Hello World!</h1>
        <script type="text/javascript">
            alert("hello!");
        </script>
    </body>
</html>
```

2. HTML 标签

平常大家说的上网就是浏览各式各样的网页，这些网页是由各种 HTML 标签组成的。网页中，需要显示在浏览器中的内容都要存放到各种标签中。

1）标签的语法

（1）标签由英文尖括号 "<" 和 ">" 括起来，如<html>就是一个标签。

（2）HTML 中的标签一般都是成对出现的，分开始标签和结束标签，但结束标签比开始标签多了一个 "/"，如图 1-2 所示。

开始标签
结束标签
<h2> 中国女排12年后再次捧杯 </h2>
标签内容

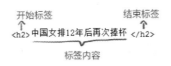

图 1-2　成对出现的标签

（3）标签与标签之间是可以嵌套的，但先后顺序必须保持一致，如<div>中嵌套<p>，那么</p>必须放在</div>的前面，如图 1-3 所示。

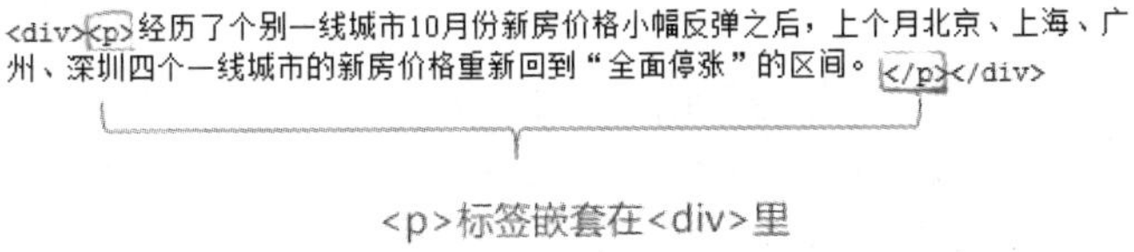
<div><p>经历了个别一线城市10月份新房价格小幅反弹之后，上个月北京、上海、广州、深圳四个一线城市的新房价格重新回到“全面停涨”的区间。</p></div>
<p>标签嵌套在<div>里

图 1-3　嵌套的标签

（4）HTML 标签不区分大小写，<h1>和<H1>是一样的，但建议使用小写。

2）认识 HTML 文档基本结构

一个 HTML 文档有自己固定的结构，例如：

```
<html>
    <head>…</head>
    <body>…</body>
</html>
```

（1）<html></html>称为根标签，所有的网页标签都在<html></html>中。

（2）<head></head>标签用于定义文档的头部，它是所有头部元素的容器。头部元素有<title>、<script>、<style>、<link>、<meta>等标签。

（3）在<body>和</body>标签之间的内容是网页的主要内容，如<h1>、<p>、<a>、<img>等网页内容标签，在<body>标签中的内容会在浏览器中显示出来。

试一试

请补全以下 html 代码，看你是否学会了 html 文档结构。

```
<!DOCTYPE HTML>

    <head>
        <meta charset="utf-8">
        <title>认识 html 文档基本结构</title>

    <body>
        <h1>通过练习，认识 html 文档基本结构</h1>
    </body>
```

注意：<!DOCTYPE>声明必须是 HTML 文档的第一行。<!DOCTYPE>不是 HTML 标签，而是一种声明，用于指示 Web 浏览器页面使用哪个版本的 HTML。<!DOCTYPE HTML>表明当前页面版本是 HTML5，浏览器将按 W3C 标准模式渲染页面。

3）认识<head>标签

文档的头部描述了文档的各种属性和信息，包括文档的标题等。绝大多数文档头部包含的数据都不会真正作为内容显示给读者。

下面这些标签可用在 head 部分：

```
<title>…</title>
<meta>
<link>
<style>…</style>
<script>…</script>
```

<title>标签：在<title>和</title>标签之间的文字内容是网页的标题信息，它会出现在浏览器的标题栏中。网页的 title 标签用于告诉用户和搜索引擎这个网页的主要内容是什么，搜索引擎可以通过网页标题迅速地判断出网页的主题。

例如：

```
<head>
    <title>欢迎访问我的页面！</title>
</head>
```

<title>标签的内容"欢迎访问我的页面！"会在浏览器的标题栏上显示出来，如图 1-4 所示。

图 1-4　title 显示在标题栏

4）HTML 的代码注释

代码注释的作用是帮助程序员标注代码的用途。代码注释不仅方便程序员自己回忆起以前代码的用途，还可以帮助其他程序员很快地读懂程序的功能，方便多人合作开发网页代码。

语法：

```
<!--注释文字 -->
```

例如，以下代码中有两行注释，但是注释代码不会在浏览器窗口中显示出来。

```
<!DOCTYPE HTML>
<html>
    <head>
        <meta charset="utf-8">
        <title>HTML 的代码注释</title>
    </head>
    <body>
        <!--热门推荐 begin-->
        <div>
            <p><a href="#">本季热门推荐</a>上海,厦门,海南,云南,</p>
        </div>
        <!--热门推荐 end-->
    </body>
</html>
```

1.1.3　实践操作

在建立网页之前，先要为站点建立一个文档夹，例如在 D 盘建立一个 webs 文档夹作为站点文档夹，并在 webs 中建立一个名为 news 的文档夹，用于存放新闻网站的所有文档，接着在 news 文档夹下创建用于存放图片的子文档夹 images，然后将需要用到的图片存储到 news/images 文档夹中。

打开 Dreamweaver 或其他代码编辑工具，新建一个空白网页。将新建的空白网页保存到 D:\webs\news\文档夹中，并命名为 index.html。

新闻网页的 html 标签组成如下：

（1）网页的标题（title）是"认识 html 标签"。

（2）"中国女排夺得 2019 女排世界杯冠军"是网页内容文章的标题，<h1></h1>就是标题标签，它在网页上的代码写成<h1>中国女排夺得 2019 女排世界杯冠军</h1>。

（3）"系三大赛中的第十个冠军"是网页中文章的段落，<p></p>是段落标签。它在网页上的代码写成<p>系三大赛中的第十个冠军</p>。

（4）网页上女排的图片由<img>标签完成，它在网页上的代码写成<img src="图片路径/图片名称.jpg">。

选择相应的标签来显示网页内容。网页的完整代码如下：

```
<!DOCTYPE HTML>
<html>
    <head>
        <meta charset="UTF-8">
        <title>认识html标签</title>
    </head>
    <body>
        <!--新闻标题-->
        <h1>中国女排夺得2019女排世界杯冠军</h1>
        <!--第一个段落-->
        <p>系三大赛中的第十个冠军</p>
        <!--第二个段落-->
        <p>
        综合新华社消息 北京时间9月28日下午2点40分，2019年女排世界杯第三阶段的比赛继续在日本大阪进行，中国女排最终3:0战胜欧洲劲旅塞尔维亚女排，拿下十连胜，提前一轮成功卫冕，历史上第五次夺得女排世界杯。自1981年世界杯夺冠以来，这也是中国女排在三大赛中（奥运会、世锦赛、世界杯）夺得的第十个冠军。这次夺冠也是继1981年和1985年之后，中国女排再次成功卫冕世界杯，而五次夺冠的中国女排也超过了四次夺冠的古巴队，成为世界杯46年历史上夺冠次数最多的球队。值得一提的是，女排主帅郎平作为队员和主教练分别两次捧起了世界杯。</p>
        <!-新闻图片-->
        <img src="images/T005.jpg" width="60%">
    </body>
</html>
```

任务 2　图文混排网页

通过任务 2 的学习，使读者掌握并灵活运用各种 HTML 标签，合理呈现网页内容。

1.2.1 创建"诗词赏析"页面

创建一个包含了多级标题、段落、换行、图片、水平线、引用、特殊符号等多种网页元素的"诗词赏析"网页，效果图如图 1-5 所示。

江城子

江南浪子

梦为今宵成远别，对去影、心千结。万丈红尘，情去久消歇。只缘年少方刚血，不曾想，是永诀。

每到春来闻鹈鴂，似当年、旧时节。人面桃花，竟看成痴绝。梨花漫天飞如雪，曾笑许，三生约。

【注释】前读坡翁"十年生死两茫茫"篇，忆起昔日梦中伊人业已作古十年，追思前事，感慨万千，唏嘘不已，遂做此篇，聊寄哀思。

现代诗: 一朵花的等待

一朵花总是在默默的等待着
　　一只蝴蝶的亲吻
　　　　因为 一只蝴蝶
　　　　　　总是在一朵花的面前飞去飞来
一只蝴蝶在一朵花的面前
　　漫不经心地飞去飞来
　　可它并不知道一朵花的等待
后来 一阵狂风刮过
　　蝴蝶消失在花丛中不见了
　　　　花朵被吹落在风中枯萎了

版权©：版权所有，违者必究

图 1-5 "诗词赏析"页面效果图

1.2.2 知识学习

1. 标签语义化

学习 html 标签的过程中，应注意两个方面的学习——标签的用途和标签在浏览器中的默认样式。

在学习网页制作时，常常会听到一个词——语义化。那么什么是语义化？通俗而言就是：明白每个标签的用途及在什么情况下使用此标签合理。比如，网页上文章的标题就可以用标题标签，网页上的各个栏目的栏目名称也可以使用标题标签。文章中内容的段落就得放在段落标签中，在文章中有想强调的文本，就可以使用<em>标签表示强调等。

标签语义化可以带来的好处：

（1）在没有 CSS 的情况下，页面也能呈现出很好的内容结构、代码结构。

（2）和搜索引擎建立良好沟通，更容易被搜索引擎收录。

（3）方便其他设备解析（如屏幕阅读器、盲人阅读器、移动设备），以有意义的方式来渲染网页。

（4）便于团队开发和维护。

2．常用标签及其语义

1）<body>标签：网页上显示内容的容器

在网页上要展示出来的页面内容一定要放在<body>标签中。图 1-6 所示是一个新闻文章的网页，其内容放在<body>标签中。

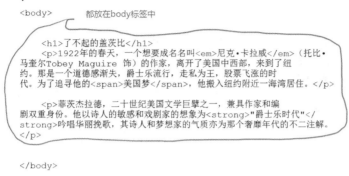

图 1-6　<body>标签

2）<p>标签：添加段落

如果想在网页上显示文章，这时就需要使用<p>标签，把文章的段落放到<p>标签中。

语法：

<p>段落文本</p>

如果在一篇文章中有 3 段文字，就要把这 3 个段落分别放到 3 个<p>标签中，如下方代码所示：

```
<body>
    <p>黄果树瀑布景区是黄果树景区的核心景区，占地约 8.5 平方千米，内有黄果树大瀑布、盆景园、水帘洞、犀牛滩、马蹄滩等景点。</p>
    <p>天星桥景区规划面积 7 平方千米，开发游览面积 4.5 平方千米，分为三个相连的片区，即：天星盆景区、天星洞景区和水上石林区。</p>
    <p>陡坡塘瀑布位于黄果树瀑布上游 1 千米处，瀑顶宽 105 米，高 21 米，是黄果树瀑布群中瀑顶最宽的瀑布。</p>
</body>
```

在浏览器中显示的效果如图 1-7 所示。

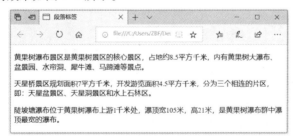

图 1-7　<p>标签

<p>标签的默认样式，可以从图 1-7 中看出来，段前段后都会有空白，如果不喜欢这个空白，可以用 CSS 样式来删除或改变它。

3）<hx>标签：为网页添加标题

标题标签一共有 6 个，<h1>、<h2>、<h3>、<h4>、<h5>、<h6>分别为一级标题、二级标题、三级标题、四级标题、五级标题、六级标题，并且依据重要性递减。<h1>是最高的等级。

语法：

<hx>标题文本</hx>　（x 为 1～6）

文章的标题可以使用标题标签，网页上各个栏目的标题也可使用它们。图 1-8 所示为腾讯网站局部页面效果。

图 1-8　腾讯网首页局部

注意： 因为<h1>标签在网页中比较重要，所以一般<h1>标签被用在网站名称上。腾讯网站就是这样做的，如<h1>腾讯网</h1>。

<h1>～<h6>标签的默认样式如图 1-9（a）所示，在浏览器中显示的样式如图 1-9（b）所示。标签代码：

（a）　　　　　　　　　　　　　　　　（b）

图 1-9　标签的默认样式及显示效果

从图 1-9（b）中可以看出标题标签的样式都会加粗，<h1>标签字号最大，<h2>标签的字号相对<h1>标签的字号要小，依此类推，<h6>标签的字号最小。

4）加入强调语气，使用<strong>和<em>标签

有了段落又有了标题，现在如果想在一段话中特别强调某几个文字，这时就可以用到<em>或<strong>标签。

但两者在强调的语气上有区别：<em> 表示强调，<strong> 表示更强烈的强调。在浏览器中<em> 默认用斜体表示，<strong> 用粗体表示。两个标签相比，国内前端程序员更喜欢使用<strong>表示强调。

语法：

<em>需要强调的文本</em>

<strong>需要强调的文本</strong>

例如，在网上商城中，某产品打折后的价格是需要强调的，如图 1-10 所示。

图 1-10　商品打折页面局部

实现代码如下：

```
<div class="price">
    <span>抢购价</span>
    <strong>￥219.00</strong>
</div>
```

这两个标签在浏览器中的默认样式是有区别的。例如，源代码如图 1-11（a）所示，浏览器中的显示效果如图 1-11（b）所示。

```
<h1>大数据</h1>
<p>大数据，指无法在一定时间范围内用常规软件工具进行捕
捉、管理和处理的数据集合，是需要新处理模式才能具有更强
的决策力、洞察发现力和流程优化能力的<em>海量、高增长率
和多样化</em>的信息资产。</p>
<p><strong>麦肯锡全球研究所</strong>给出的定义是：一种
规模大到在获取、存储、管理、分析方面大大超出了传统数据
库软件工具能力范围的数据集合，具有海量的数据规模、快速
的数据流转、多样的数据类型和价值密度低四大特征。</p>
```

（a）

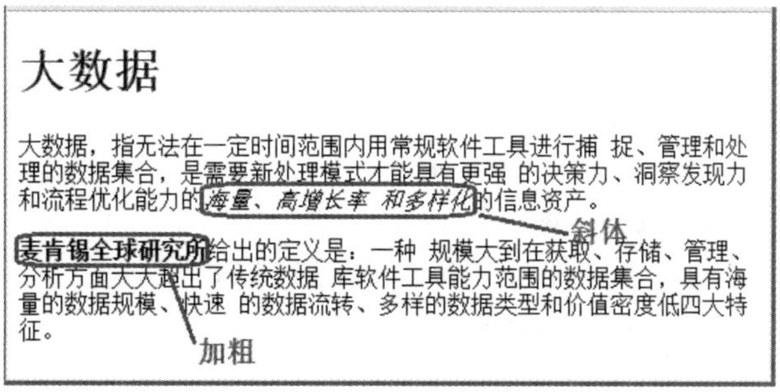

大数据

大数据，指无法在一定时间范围内用常规软件工具进行捕 捉、管理和处理的数据集合，是需要新处理模式才能具有更强 的决策力、洞察发现力和流程优化能力的 *海量、高增长率 和多样化* 的信息资产。

麦肯锡全球研究所给出的定义是：一种 规模大到在获取、存储、管理、分析方面大大超出了传统数据 库软件工具能力范围的数据集合，具有海量的数据规模、快速 的数据流转、多样的数据类型和价值密度低四大特征。

（b）

图 1-11　em 标签和 strong 标签的默认样式及显示效果

<em>标签的内容在浏览中显示为斜体，<strong>标签的内容显示为加粗。如果不喜欢这种样式，以后可以使用 CSS 样式去改变它。

5）使用<span>标签为文字设置单独样式

<span>标签是没有语义的，它的作用就是为了设置单独的样式而使用的。

语法：
<span>文本</span>

试一试

把图 1-11（a）中的"大数据"设置为蓝色：

（1）在编辑器中对"大数据"文本加上<span>标签。

（2）在样式表中输入 span{color:blue;}，为<span>元素设置文本颜色为蓝色。

6）<q>标签：短文本引用

如果想在 HTML 文档中加一段引用，比如在网页的文章中想引用某个作家的一句诗，使文章更加出彩，那么<q>标签是所需要的。

语法：
<q>引用文本</q>

如下面的例子：

<p>最初知道庄子，是从一首诗<q>庄生晓梦迷蝴蝶，望帝春心托杜鹃。</q>开始的。虽然当时不知道是什么意思，只是觉得诗句挺特别。后来才明白这个典故出自是庄子的《逍遥游》，《逍遥游》代表了庄子思想的最高境，是对世俗社会的功名利禄及自己的舍弃。</p>

分析：

（1）在上面的例子中，"庄生晓梦迷蝴蝶，望帝春心托杜鹃。"这是一句诗，出自晚唐诗人李商隐的《锦瑟》。因为不是作者自己的文字，所以需要使用<q></q>实现引用。

（2）注意要引用的文本不用加双引号，浏览器会对<q>标签的内容自动添加双引号。

图 1-12 所示是代码的显示效果。

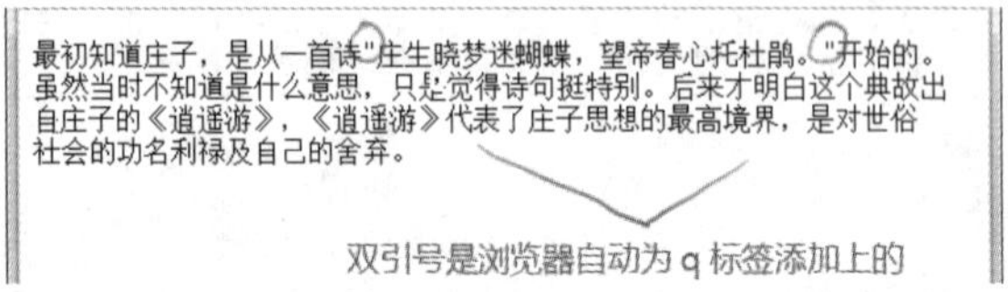

最初知道庄子，是从一首诗"庄生晓梦迷蝴蝶，望帝春心托杜鹃。"开始的。虽然当时不知道是什么意思，只是觉得诗句挺特别。后来才明白这个典故出自庄子的《逍遥游》，《逍遥游》代表了庄子思想的最高境界，是对世俗社会的功名利禄及自己的舍弃。

双引号是浏览器自动为 q 标签添加上的

图 1-12　<q>标签显示效果

这里用<q>标签的真正关键点不是它的默认样式双引号，而是它的语义：引用别人的话。

7）<blockquote>标签：长文本引用

<blockquote>的作用也是引用别人的文本。但它是对长文本的引用，如在文章中引入大段某知名作家的文字，这时需要使用< blockquote>标签。

如想在网页文章中引用李白《关山月》中的诗句，因为引用文本比较长，就可以使用<blockquote>标签。

语法：
<blockquote>引用文本</blockquote>

如下面的例子：

<blockquote>明月出天山，苍茫云海间。长风几万里，吹度玉门关。汉下白登道，胡窥青海湾。由来征战地，不见有人还。戍客望边色，思归多苦颜。高楼当此夜，叹息未应闲。</blockquote>

浏览器对<blockquote>标签的解析是缩进样式，如图 1-13 所示。

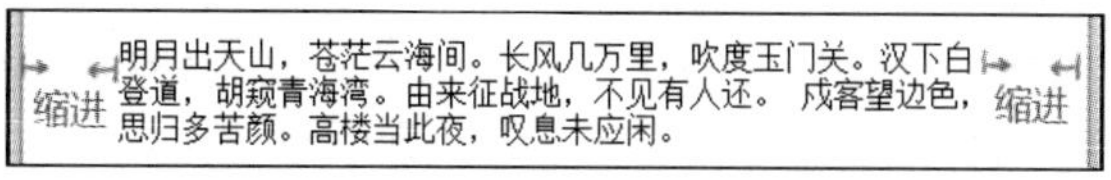

明月出天山，苍茫云海间。长风几万里，吹度玉门关。汉下白
登道，胡窥青海湾。由来征战地，不见有人还。 戍客望边色，
思归多苦颜。高楼当此夜，叹息未应闲。

缩进　　　　　　　　　　　　　　　　　　　　缩进

图 1-13 <blockquote>标签

 试一试

为 HTML 页的适当位置添加<blockquote>标签，引入长文本。

```
<!DOCTYPE HTML>
<html>
<head>
<meta charset="utf-8">
<title>blockquote 标签的使用</title>
</head>
<body>
<h2>心似桂花开</h2>
<p>大家都在忙于自认为最重要的事情，却没能享受到人生的乐趣，反而要吞下苦果？</p>
"暗淡轻黄体性柔，情疏迹远只香留。何须浅碧深红色，自是花中第一流。"
<p>这是李清照《咏桂》中的词句，在李清照看来，桂花暗淡青黄，性情温柔，淡泊自适，远比那些
大红大紫争奇斗艳的花值得称道。</p>
</body>
</html>
```

8）
标签：分行显示文本

对于"试一试"中的例子，如果想让那首诗显示得更美观些，如显示图 1-14 所示的效果，如何让每一句诗词后面加入一个折行？可以使用
标签，在需要换行的地方加入
，
标签的作用相当于 Word 文档中的 Enter 键。

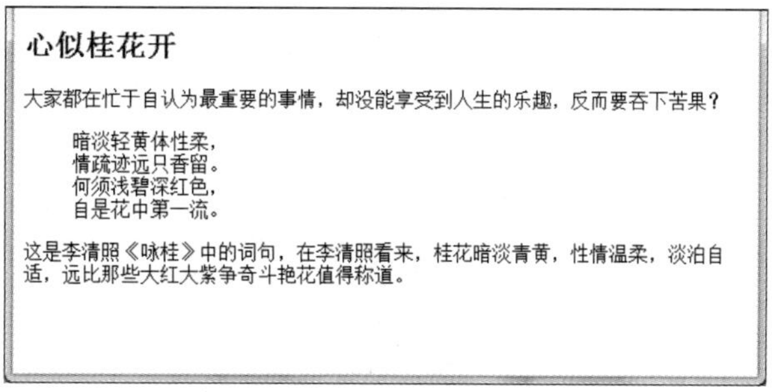

心似桂花开

大家都在忙于自认为最重要的事情，却没能享受到人生的乐趣，反而要吞下苦果？

暗淡轻黄体性柔，
情疏迹远只香留。
何须浅碧深红色，
自是花中第一流。

这是李清照《咏桂》中的词句，在李清照看来，桂花暗淡青黄，性情温柔，淡泊自适，远比那些大红大紫争奇斗艳花值得称道。

图 1-14 诗词换行显示

代码可改为：
```
<h2> 《咏桂》</h2>
<p>
暗淡轻黄体性柔<br/>
情疏迹远只香留<br/>
何须浅碧深红色<br/>
自是花中第一流<br/>
</p>
```

语法：
```
<br/>
```

　　与以前我们学过的标签不一样，
标签是一个空标签，没有 HTML 内容的标签就是空标签，空标签只需要写一个开始标签，这样的标签有
、<hr />和<img />。

　　想换行的话为什么不像在 Word 文档或记事本中，在想要换行的前面按 Enter 键？很遗憾，在 HTML 代码中输入的 Enter 键、空格在浏览器中都是显示不出来的，如图 1-15（a）所示的代码，在浏览中的显示时是没有回车效果的，如图 1-15（b）所示。

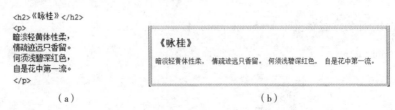

（a）　　　　　　　　　　　　　　　　　（b）

图 1-15　输入回车显示不换行

　　在 HTML 文本中想要换行，就必须输入
。

试一试

　　用
标签为李清照的《咏桂》诗句添加换行，使其显示更美观，如图 1-16 所示。

```
<!DOCTYPE HTML>
<html>
<head>
<meta http-equiv="Content-Type" content="text/html; charset=utf-8">
<title>br 标签的使用</title>
</head>
<body>
<h2>《咏桂》</h2>
<p>暗淡轻黄体性柔，情疏迹远只香留。何须浅碧深红色，自是花中第一流。</p>
</body>
</html>
```

《咏桂》

暗淡轻黄体性柔，
情疏迹远只香留。
何须浅碧深红色，
自是花中第一流。

图 1-16　
标签

　　9）在网页中添加一些空格

　　在 HTML 代码中按 Enter 键、空格都是没有作用的。要想输入空格，必须写入 。

语法：

　　在 HTML 代码中输入空格是不起作用的，如图 1-17 所示的代码：

```
<h2>《咏桂》</h2>
<p>
暗淡     轻黄体性柔，情疏迹远只香留。何须浅碧深红色，自是花中第一流。
</p>
         输入了 5 个空格
```

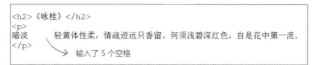

图 1–17　在代码中输入空格

在浏览器中显示，并没有预期的空格效果，如图 1–18 所示。

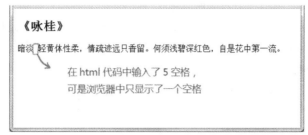

图 1–18　浏览器中的显示效果

输入空格的正确方法如图 1–19 所示。

```
<h2>《咏桂》</h2>
<p>
暗淡     轻黄体性柔，情疏迹
远只香留。何须浅碧深红色，自是花中第一流。
</p>
```

图 1–19　输入空格的代码

在浏览器中显示出来的空格效果如图 1–20 所示。

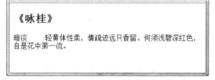

图 1–20　应用 添加空格

10）<hr>标签：添加水平横线

在信息展示时，有时会需要加一些用于分隔的横线，以使文章看起来整齐些，如图 1–21 所示。

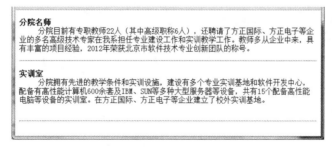

图 1–21　<hr>标签

语法：

```
<hr/>
```

注意：

（1）<hr />标签和
标签一样也是一个空标签，所以可以将开始标签和结束标签合二为一，即<hr/>。也可以分开表示：<hr></hr>。

（2）<hr/>标签在浏览器中的默认样式线条比较粗，颜色为灰色，可能有些人觉得这种样式不美观，没有关系，这些外在样式在我们学习了 CSS 样式表之后，都可以对其进行修改。

11）<address>标签：为网页加入地址信息

一般网页中会有一些网站的联系地址信息需要在网页中展示出来，这些联系地址信息如公司的地址就可以使用<address>标签表示。<address>标签也可以定义一个地址（如电子邮件地址）、签名或者文档的作者身份。

语法：

<address>联系地址信息</address>

例如：

<address>浦口校区地址：南京市浦口区珍珠南路 65 号</address>
<address>
本文的作者：<a href="mailto:zzz@sohu.com">联系作者</a>
</address>

在浏览器中显示的样式为斜体，如图 1-22 所示。如果不喜欢斜体，可以在后面的课程中使用 CSS 样式修改<address>标签的默认样式。

图 1-22　<address>标签

12）<code>标签：加入一行代码

在介绍语言技术的网站中，在网页中显示一些计算机专业的编程代码是难免的，当代码为一行代码时，就可以使用<code>标签，例如：

<code>var i=i+300;</code>

 试一试

使用<code>标签在网页中显示以下程序代码：

```
<!DOCTYPE HTML>
<html>
<head>
<meta http-equiv="Content-Type" content="text/html; charset=utf-8">
<title>code 标签介绍</title>
</head>

<body>
<p>水平渐变的实现，类似这样：{background-image:linear-gradient(left,red 100px,
yellow 200px);}</p>
</body>
</html>
```

13）\<pre\>标签：为网页加入大段代码

加入一行代码的标签为\<code\>，但很多情况下是需要加入大段代码的，如图 1-23 所示。

```
源代码:                           ◢点击运行

<!DOCTYPE html>
<html>
<head>
    <meta charset="utf-8">
    <title>菜鸟教程(runoob.com)</title>
</head>
<body>
    <form action="">
        <select name="cars">
            <option value="volvo">Volvo</option>
            <option value="saab">Saab</option>
            <option value="fiat">Fiat</option>
            <option value="audi">Audi</option>
        </select>
    </form>
</body>
</html>
```

图 1-23　包含了大段代码的网页

怎么办？这时就可以使用\<pre\>标签。

语法：

```
<pre>语言代码段</pre>
```

\<pre\> 标签的主要作用是预格式化文本。被包围在\<pre\>标签中的文本通常会保留空格和换行符。如下代码：

```
<pre>
    var message="欢迎";
    for(var i=1;i<=10;i++)
    {
        alert(message);
    }
</pre>
```

在浏览器中的显示效果如图 1-24 所示。

注意：\<pre\> 标签不只是为显示计算机的源代码时使用，需要在网页中预显示格式时都可以使用它，只是\<pre\>标签的一个常见应用是用来展示计算机的源代码。

图 1-24　\<pre\>标签使用效果

14）\<img\>标签：为网页插入图片

语法：

```
<img src="图片地址" alt="下载失败时的替换文本" title="提示文本">
```

举例：

```
<img src="myimage.gif" alt="My Image" title="My Image" />
```

说明：

（1）src：指定图像的存储位置。

（2）alt：指定图像的描述性文本，当图像不可见时（下载不成功），可看到该属性指定的文本。

（3）title：提供在图像可见时对图像的描述（鼠标指针在图片上悬停时显示的文本）。

（4）图像一般是 GIF、PNG、JPEG 格式的图像文档。

1.2.3　实践操作

"诗词赏析"页面实现：使用本章节学习的各种 HTML 标签编写代码，实现图 1-5 所示的"诗词赏析"页面，并在页面中插入图片。

要求：

（1）标题使用二级标题。

（2）诗词作者使用四级标题。

（3）"注释"及其中的"版权所有，违者必究"等字眼，要用粗体强调。

（4）为最后一段引用的诗句选用合适的标签。

（5）为现代诗部分的大量缩进选用合适的标签。

（6）注意最后一行中的特殊符号。

在 webs 中建立一个名为 poets 的文档夹，用于存放诗词赏析页面的所有文档；接着在 poets 文档夹下创建用于存放图片的子文档夹 images；然后将需要用到的图片存储到 poets/images 文档夹中。

打开 Dreamweaver 或其他代码编辑工具，新建一个空白网页。将新建的空白网页保存到 D:\webs\poets\文档夹中，并命名为 index.html。

构建基本的 HTML 文档结构，然后选择对应的标签，显示网页内容。

（1）选用<h2>标签呈现二级标题。

```
<h2>江城子</h2>
<h2>现代诗：一朵花的等待</h2>
```

（2）选用<h4>标签显示诗词作者信息。

```
<h4>江南浪子</h4>
```

（3）选用<stong>标签，对"注释"及 "版权所有，违者必究"等字眼，用粗体强调。

```
<strong>【注释】</strong>
<strong>版权所有，违者必究</strong>
```

（4）为最后一段引用的诗句选用<q>标签，以示引用。

```
<p><strong>【注释】</strong>前读坡翁<q>十年生死两茫茫</q>篇，忆起昔日梦中伊人业已作古
十年，追思前事，感慨万千，唏嘘不已，遂做此篇，聊寄哀思。</P>
```

（5）现代诗部分有大量缩进，选用<pre>标签可快速显示这些缩进。

```
<pre>
一朵花总是在默默的等待着
    一只蝴蝶的亲吻
        因为 一只蝴蝶
```

```
            总是在一朵花的面前飞去飞来
一只蝴蝶在一朵花的面前
    漫不经心地飞去飞来
        可它并不知道一朵花的等待
后来 一阵狂风刮过
    蝴蝶消失在花丛中不见了
        花朵被吹落在风中枯萎了
</pre>
```

（6）最后一行中的特殊符号是版权符，用©表示。

```
<p>版权&copy;: <strong>版权所有，违者必究</strong></p>
```

参考源代码：

```
<!DOCTYPE HTML>
<html>
    <head>
        <meta http-equiv="Content-Type" content="text/html; charset=gb2312">
        <title>诗词赏析</title>
    </head>
    <body>
        <h2>江城子</h2>
        <h4>江南浪子</h4>
        <p>梦为今宵成远别，对去影、心千结。万丈红尘，情去久消歇。只缘年少方刚血，不曾想，
是永诀。<br />每到春来闻鹈鴂，似当年、旧时节。人面桃花，竟看成痴绝。梨花漫天飞如雪，曾笑
许，三生约。</p>
        <img src="jcz.jpg">
        <p><strong>【注释】</strong>前读坡翁<q>十年生死两茫茫</q>篇，忆起昔日梦中伊人
业已作古十年，追思前事，感慨万千，唏嘘不已，遂做此篇，聊寄哀思。</P>
        <hr>
        <h2>现代诗：一朵花的等待</h2>
        <pre>
一朵花总是在默默的等待着
    一只蝴蝶的亲吻
        因为 一只蝴蝶
            总是在一朵花的面前飞去飞来
一只蝴蝶在一朵花的面前
    漫不经心地飞去飞来
        可它并不知道一朵花的等待
后来 一阵狂风刮过
    蝴蝶消失在花丛中不见了
        花朵被吹落在风中枯萎了
        </pre>
        <hr />
        <p>版权&copy;: <strong>版权所有，违者必究</strong></p>
    </body>
</html>
```

说明： 效果图中的标题居中、字体、字号、文本缩进等样式均由 CSS 实现，本节代码并不涉
及样式操作。

任务 3　格式化排版

通过任务 3 的学习，了解 CSS 样式表的用法，掌握 CSS 的基本语法、CSS 选择器的用法和 CSS 样式分类，会应用常用的 CSS 属性对页面进行格式化设置。

1.3.1　对"诗词欣赏"页面进行格式化处理

对"诗词赏析"页面进行格式化设置的要求如下：

（1）为页面设置不会随文档滚动的背景图片。

（2）设置网页的字体为"微软雅黑"，字号为"11pt"。

（3）标题和图片居中。

（4）图片大小为 40%。

（5）设置各段落行高为 25 px，左侧缩进 30 px。

1.3.2　知识学习

1. 认识 CSS 样式

CSS（Cascading Style Sheets，层叠样式表），主要是用于定义 HTML 内容在浏览器中的显示样式，如文字大小、颜色、字体加粗等。

如下代码：

```
p{
    font-size:12px;
    color:red;
    font-weight:bold;
}
```

CSS 简单、灵活、易于掌握。使用 CSS 样式，可以快速地设置网页元素的样式，让不同网页位置的文字有着统一的字体、字号或者颜色等，并实现 HTML 标签与样式分离。

2. CSS 样式的优势

为什么使用 CSS 样式来设置网页的外观样式？如果想把网页中部分短语的文本颜色设置为红色，就可以通过样式来设置，而且只需要编写一条 CSS 样式语句。

第一步：把这三个短语用<span></span>括起来。

第二步：写入下列代码：

```
span{
    color:red;
}
```

按 F5 键刷新页面，观察结果窗口中文字的颜色是否变为红色。

```
<!DOCTYPE HTML>
<html>
<head>
<meta charset="utf-8">
<title>CSS 样式的优势</title>
<style type="text/css">
span{
```

```
    color:red;
}
</style>
</head>
<body>
    <p>慕课网，<span>超酷的互联网</span>、IT 技术免费学习平台，创新的网络一站式学习、实践体验；<span>服务及时贴心</span>，内容专业、<span>有趣易学</span>。专注服务互联网工程师快速成为技术高手！</p>
</body>
</html>
```

CSS 可以简化网站建设，只要添加或修改相应代码，就可以改变网页的外观与格式，或轻松地控制页面布局。可以将一个样式表文档用于多个页面甚至整个站点，只要修改这个 CSS 文档中的相应行，则整个站点的所有页面都会随之变动，充分体现了 CSS 的易用性和扩展性。

3. CSS 代码语法

CSS 样式由选择符和声明组成，而声明又由属性和值组成，如图 1-25 所示。

图 1-25   CSS 代码语法

选择符：又称选择器，指明网页中要应用样式规则的元素，如本例中是网页中所有的一级标题（h1）的文字将变成红色，字号设为 14 px，而其他的元素（如 ol）不会受到影响。

声明：在英文大括号"{ }"中的就是声明，属性和值之间用英文冒号":"分隔。当有多条声明时，中间以英文分号";"分隔。

注意：

（1）最后一条声明可以没有分号，但是为了以后修改方便，一般也加上分号。

（2）为了使样式更加容易阅读，可以将每条代码写在一个新行内，如下所示：

```
p{
    font-size:12px;
    color:red;
}
```

4. CSS 样式分类

CSS 样式可以写在哪些地方？从 CSS 样式代码插入的形式来看，基本可分为以下 3 种：内联式、嵌入式和外部式。

1）内联式 CSS 样式，直接写在现有的 HTML 标签中

内联式 CSS 样式表就是把 CSS 代码直接写在现有的 HTML 标签中，如下代码：

```
<p style="color:red">这里文字是红色。</p>
```

要写在元素的开始标签中，下面这种写法是错误的：

```
<p>这里文字是红色。</p style="color:red">
```

同时，CSS 样式代码要写在 style=""双引号中，如果有多条 CSS 样式代码设置可以写在一起，

中间用分号隔开，例如：

```
<p style="color:red;font-size:12px">这里文字是红色。</p>
```

2）嵌入式 CSS 样式，写在当前的文档中

现在有一任务，把编辑器中的"超酷的互联网""服务及时贴心""有趣易学"这 3 个短词文字字号修改为红色。如果用内联式 CSS 样式的方法进行设置将是一件很头疼的事情，接下来将使用嵌入式 CSS 样式来实现这个任务。

嵌入式 CSS 样式，就是可以把 CSS 样式代码写在<style type="text/css"></style>标签之间。如下代码实现把多个<span>标签中的文字设置为红色：

```
<style type="text/css">
    span{color:red;}
</style>
```

嵌入式 CSS 样式必须写在<style></style>之间，并且一般情况下嵌入式 CSS 样式写在<head></head>之间。

3）外部式 CSS 样式，写在单独的一个文档中

外部式 CSS 样式（也可称为外联式）就是把 CSS 代码写在一个单独的外部文档中，这个 CSS 样式文档以".css"为扩展名，在<head>内（不是在<style>标签内）使用<link>标签将 CSS 样式文档超链接到 HTML 文档内，如下代码：

```
<link href="base.css" rel="stylesheet" type="text/css" />
```

注意：

（1）CSS 样式文档名称以有意义的英文字母命名，如 main.css。

（2）rel="stylesheet" type="text/css" 是固定写法不可修改。

（3）<link>标签位置一般写在<head>标签之内。

4）3 种方法的优先级

如果对于同一个元素同时用了 3 种方法设置 CSS 样式，那么哪种方法真正有效？一旦出现了这种情况：

（1）使用内联式 CSS 设置"超酷的互联网"文字为粉色。

（2）然后使用嵌入式 CSS 设置文字为红色。

（3）最后使用外部式设置文字为蓝色（style.css 文档中设置）。

但最终可以观察到"超酷的互联网"这个短词的文本被设置为了粉色。因为这 3 种样式是有优先级的：内联式 > 嵌入式 > 外部式。总的来说，就是"就近原则"（离被设置元素越近优先级别越高）。

5. 选择器

1）什么是选择器

每一条 CSS 样式声明（定义）由两部分组成，形式如下：

```
选择器{
    样式；
}
```

在{}之前的部分就是"选择器"，"选择器"指明了{}中"样式"的作用对象，也就是"样式"作用于网页中的哪些元素。

2）标签选择器

标签选择器其实就是 HTML 代码中的标签，如给<p>标签设置样式，可以使用如下代码：

`p{font-size:12px;line-height:1.6em;}`

上面的 CSS 样式代码的作用：为<p>标签设置 12 px 字号，行间距设置 1.6em 的样式。

 试一试

为标题"勇气"添加样式，把 h1 标签默认的粗体样式去掉并将字体颜色设置为红色。

在样式表中输入：

```
h1{
    font-weight:normal;
    color:red;
}
<!DOCTYPE HTML>
<html>
<head>
<meta charset="utf-8">
<title>认识 html 标签</title>
<style type="text/css">

</style>
</head>
<body>
    <h1>勇气</h1>
    <p>三年级时，我还是一个胆小如鼠的小女孩，上课从来不敢回答老师提出的问题，生怕回答错
了老师会批评我。就一直没有这个勇气来回答老师提出的问题。学校举办的活动我也没勇气参加。
</p>
    <p>到了三年级下学期时，我们班上了一节公开课，老师提出了一个很简单的问题，班里很多同
学都举手了，甚至成绩比我差很多的，也举手了，还说着："我来，我来。"我环顾了四周，就我没
有举手。</p>
</body>
</html>
```

3）类选择器

类选择器在 CSS 样式编码中是最常用到的。

语法：

`.类选择器名称{css 样式代码;}`

注意：

（1）类选择器以英文圆点开头。

（2）类选择器名称应遵循变量名规范，不能用中文，区分大小写。

使用方法：

第一步：使用合适的标签把要修饰的内容标记起来，如下：

`<span>胆小如鼠</span>`

第二步：使用 class="类选择器名称"为标签设置一个类，如下：

`<span class="stress">胆小如鼠</span>`

第三步：设置类选择器 CSS 样式，如下：

```
.stress{color:red;}/*类前面要加入一个英文圆点*/
```

4）ID 选择器

在很多方面，ID 选择器都类似于类选择符，但也有一些重要的区别：

（1）为标签设置 id="ID 名称"，而不是 class="类名称"。

（2）ID 选择符的前面是井号（#）号，而不是英文圆点（.）。

5）类和 ID 选择器的区别

相同点：可以应用于任何元素。

不同点：

（1）ID 选择器只能在文档中使用一次。与类选择器不同，在一个 HTML 文档中，ID 选择器只能使用一次，而且仅一次。而类选择器可以使用多次。

下面的代码是正确的：

```
<p>三年级时，我还是一个<span class="stress">胆小如鼠</span>的小女孩，上课从来不敢回
答老师提出的问题，生怕回答错了老师会批评我。就一直没有这个<span class="stress">勇气
</span>来回答老师提出的问题。</p>
```

下面的代码是错误的：

```
<p>三年级时，我还是一个<span id="stress">胆小如鼠</span>的小女孩，上课从来不敢回答
老师提出的问题，生怕回答错了老师会批评我。就一直没有这个<span id="stress">勇气</span>
来回答老师提出的问题。</p>
```

（2）可以使用类选择器词列表方法为一个元素同时设置多个样式。可以为一个元素同时设多个样式，但只可以用类选择器的方法实现，ID 选择器是不可以的（不能使用 ID 词列表）。

下面的代码是正确的：

```
.stress{
    color:red;
}
.bigsize{
    font-size:25px;
}
<p>到了<span class="stress bigsize">三年级</span>下学期时，我们班上了一节公开
课...</p>
```

代码的作用是为"三年级"3 个文字设置文本颜色为红色并且字号为 25 px。

6）子选择器

还有一个比较常用的选择器——子选择器，即大于符号（>），用于选择指定标签元素的第一代子元素。如下代码：

```
.food>li{border:1px solid red;}
```

这行代码会使 class 名为 first 下的子元素 li 加上红色实线边框。

7）包含（后代）选择器

包含选择器即加入空格，用于选择指定标签元素下的后辈元素。如下代码：

```
.first  span{color:red;}
```

这行代码会使 class 名为 first 的元素中所有<span>元素内文字的颜色变为红色。

请注意这个选择器与子选择器的区别，子选择器（child selector）仅是指它的直接后代，或者

可以理解为作用于子元素的第一代后代。而后代选择器是作用于所有子后代元素。后代选择器通过空格进行选择，而子选择器是通过">"进行选择。

8）通用选择器

通用选择器是功能最强大的选择器，它使用一个（＊）号指定，它的作用是匹配 HTML 中所有的标签元素，如下列代码使 HTML 中任意标签元素文本颜色全部设置为红色：

```
* {color:red;}
```

9）伪类选择符

伪类选择符允许给 HTML 中不存在的标签（标签的某种状态）设置样式，比如说给 HTML 中一个标签元素的鼠标指针滑过的状态设置字体颜色：

```
a:hover{color:red;}
```

代码就是为 a 标签鼠标指针滑过的状态设置字体颜色变红。

到目前为止，可以兼容所有浏览器的"伪类选择符"就是 a 标签上使用:hover。其实:hover 可以放在任意的标签上，比如 p:hover。

10）分组选择符

想为 HTML 中的多个标签元素设置同一个样式时，可以使用分组选择符（,），如下代码为页面中的所有 h1、span 标签同时设置字体颜色为红色：

```
h1,span{color:red;}
```

它相当于下面两行代码：

```
h1{color:red;}
span{color:red;}
```

6. CSS 格式化排版

1）文字排版——字体

可以使用 CSS 样式为网页中的文字设置字体、字号、颜色等样式属性。下面代码实现为网页中的文字设置字体为宋体。

```
body{font-family:"宋体";}
```

不要设置不常用的字体，因为如果用户本地计算机中没有安装所设置的字体，就会显示浏览器默认的字体。

中文网页常用"微软雅黑"字体，如下代码：

```
body{font-family:"Microsoft Yahei";}
```

或

```
body{font-family:"微软雅黑";}
```

注意：第一种方法比第二种方法兼容性更好一些。这种字体既美观又可以在客户端安全地显示出来。

2）文字排版——字号、颜色

可以使用下列代码设置网页中文字的字号为 12 px，并把字体颜色设置为#666（灰色）：

```
body{font-size:12px;color:#666}
```

3）文字排版——粗体

还可以使用 CSS 样式改变文字的样式：粗体、斜体、下画线、删除线。可以使用下列代码实现设置文字以粗体样式显示出来：

```
p span{font-weight:bold;}
```

为文字设置粗体是由单独的 CSS 样式来实现，不要为了实现粗体样式而使用\<h1\>～\<h6\>或\<strong\>标签。

4）文字排版——斜体

以下代码可以实现文字以斜体样式在浏览器中显示：

```
p a{font-style:italic;}
```

5）文字排版——下画线

有些情况下为文字设置为下画线样式，可以在视觉上强调文字。可以使用下列代码来实现：

```
p a{text-decoration:underline;}
```

6）文字排版——删除线

图 1-26 所示为删除线。

图 1-26　原价现价

原价上的删除线可使用下列代码实现：

```
.oldPrice{text-decoration:line-through;}
```

7）段落排版——缩进

中文文字中的段落前习惯空有两个文字的空白，这个特殊的样式可以用下列代码来实现：

```
p{text-indent:2em;}
```

```
<p>沈园的出名是由一曲爱情悲剧引起的。诗人陆游和表妹唐琬在园壁上题写的两绝《钗头凤》是其中的热点。 晚年陆游重游沈园，又赋诗一首，写道:<q>禹迹寺南有沈氏小园，四十年前，尝题小阕于石，读之怅然</q>。</p>
```

注意：2em 的意思就是文字的 2 倍大小。

8）段落排版——行间距（行高）

另一个在段落排版中起重要作用的属性是行间距（行高）属性（line-height），如下代码实现设置段落行间距为 1.5 倍：

```
p{line-height:1.5em;}
```

```
<p>沈园的出名是由一曲爱情悲剧引起的。诗人陆游和表妹唐琬在园壁上题写的两绝《钗头凤》是其中的热点。 晚年陆游重游沈园，又赋诗一首，写道:<q>禹迹寺南有沈氏小园，四十年前，尝题小阕于石，读之怅然</q>。</p>
```

9）段落排版——中文字间距、字母间距

如果想在网页排版中设置文字间隔或者字母间隔，可以使用 letter-spacing 属性实现，如下列代码：

```
h2{
    letter-spacing:50px;
}
...
<h2>沈园《钗头凤》二首</h2>
```

如果想设置英文单词之间的间距，可以使用 word-spacing 属性实现，如下列代码：

```
h1{
    word-spacing:50px;
}
...
<h1>welcome to nanjing!</h1>
```

10）段落排版——对齐

想为块状元素中的文本、图片设置居中样式时，可以使用 text-align 属性实现，如下代码：

```
h1{
    text-align:center;
}
```

同样，可以设置左对齐效果：

```
h1{
    text-align:left;
}
```

还可以设置右对齐效果：

```
h1{
    text-align:right;
}
```

11）网页排版——设置背景

CSS 允许应用纯色作为背景，也允许使用背景图像创建相当复杂的效果。

（1）背景色。可以使用 background-color 属性为元素设置背景色。这个属性接受任何合法的颜色值。

下列代码把元素的背景设置为灰色：

```
p {background-color: gray;}
```

如果希望背景色从元素中的文本向外稍有延伸，只需增加一些内边距：

```
p {background-color: gray; padding: 20px;}
```

可以为所有元素设置背景色，包括 body 一直到 em 和 a 等行内元素。

background-color 不能继承，其默认值是 transparent。transparent 有"透明"之意，也就是说，如果一个元素没有指定背景色，那么背景就是透明的，这样其祖先元素的背景才能可见。

（2）背景图像。要把图像设置成背景，需要使用 background-image 属性。background-image 属性的默认值是 none，表示背景上没有放置任何图像。

如果需要设置一个背景图像，必须为这个属性设置一个 URL 值：

```
body {background-image: url(bg.gif);}
```

如果需要在页面上对背景图像进行平铺，可以使用 background-repeat 属性。

属性值 repeat 使图像在水平垂直方向上都平铺，就像以往背景图像的通常做法一样。repeat-x 和 repeat-y 分别使图像只在水平或垂直方向上重复，no-repeat 则不允许图像在任何方向上平铺。

默认地，背景图像将从一个元素的左上角开始，如下代码：

```
body {
  background-image: url('bg.gif');
  background-repeat: repeat-y;
  }
```

（3）背景定位。可以利用 background-position 属性改变图像在背景中的位置。

下面的例子为在 body 元素中将一个背景图像居中放置：

```
body {
    background-image:url('bg.gif');
    background-repeat:no-repeat;
    background-position:center;
    }
```

图像位置关键字不超过两个，一个对应水平方向，另一个对应垂直方向。如果只出现一个关键字，则认为另一个关键字是 center。

所以，如果希望每个段落的中部上方出现一个图像，只需声明如下：

```
p{
    background-image:url('bgimg.gif');
    background-repeat:no-repeat;
    background-position:top;
    }
```

下面是等价的位置关键字：

单一关键字：center、top、bottom、right、left。

百分数值：百分数值的表现方式更为复杂。假设希望用百分数值将图像在其元素中居中：

```
body  {
    background-image:url('bg.gif');
    background-repeat:no-repeat;
    background-position:50% 50%;
    }
```

这会使背景图像居中放置，其中心与其元素的中心对齐。换句话说，百分数值同时应用于元素和图像。也就是说，图像中描述为 50% 50% 的点（中心点）与元素中描述为 50% 50% 的点（中心点）对齐。

如果图像位于 0% 0%，其左上角将放在元素内边距区的左上角。如果图像位置是 100% 100%，会使图像的右下角放在右边距的右下角。

因此，如果想把一个图像放在水平方向 2/3、垂直方向 1/3 处，可以这样声明：

```
body {
    background-image:url('bg.gif');
    background-repeat:no-repeat;
    background-position:66% 33%;
    }
```

如果只提供一个百分数值，所提供的这个值将用作水平值，垂直值将假设为 50%。background-position 的默认值是 0% 0%，在功能上相当于 top left。

长度值：长度值解释的是元素内边距区左上角的偏移。偏移点是图像的左上角。

比如，如果设置值为 50px 100px，图像的左上角将在元素内边距区左上角向右 50px、向下 100px 的位置上：

```
body {
        background-image:url('bg.gif');
        background-repeat:no-repeat;
        background-position:50px 100px;
    }
```

（4）背景关联。如果文档比较长，那么当文档向下滚动时，背景图像也会随之滚动。当文档滚动到超过图像的位置时，图像就会消失。

可以通过 background-attachment 属性防止这种滚动。通过这个属性，可以声明图像相对于可视区是固定的（fixed），因此不会受到滚动的影响：

```
body {
    background-image:url(bg.gif);
    background-repeat:no-repeat;
    background-attachment:fixed
    }
```

background-attachment 属性的默认值是 scroll，也就是说，在默认的情况下，背景会随文档滚动。

同时设置多个背景属性时，可使用缩略写法：

```
body {
    background:url(bg.gif) no-repeat  top left fixed;
    }
```

1.3.3　实践操作

poem.html 的代码如下，对以下代码进行格式化设置：

```
<body>
<h2>沈园《钗头凤》二首</h2>
<h4>陆游</h4>
<p>
红酥手，黄藤酒，满城春色宫墙柳。<br />
东风恶，欢情薄，一怀愁绪，几年离索。错，错，错。<br />
春如旧，人空瘦，泪痕红浥鲛绡透。<br />
桃花落，闲池阁。山盟虽在，锦书难托。莫，莫，莫！<br />
</p>
<h4>唐琬</h4>
<p>
世情薄，人情恶，雨送黄昏花易落。<br />
晓风干，泪痕残。欲笺心事，独语斜阑。难，难，难。<br />
人成各，今非昨，病魂常似秋千索。<br />
角声寒，夜阑珊。怕人寻问。咽泪装欢。瞒，瞒，瞒！<br />
</p>
<img src="poem.jpg" title="陆游唐琬" />
```

```
<p><strong>诗词解析: </strong></p>
<p>沈园，又名"沈氏园"，是南宋时一位沈姓富商的私家花园，始建于<strong>宋代</strong>，
```
至今已有 800 多年的历史。位于<address>绍兴市越城区春波弄</address></p>
<p>沈园的出名是由一曲爱情悲剧引起的。诗人<strong>陆游</strong>和表妹<strong>唐琬
</strong>在园壁上题写的两绝《钗头凤》是其中的热点。晚年陆游重游沈园，又赋诗一首，写道:<q>
禹迹寺南有沈氏小园，四十年前，尝题小阕于石，读之怅然</q>。</p>
</body>

新建一个 CSS 文档，将其保存到 D:\webs\poets\CSS 文档夹中，并命名为 style.css，将样式设置的代码写入到 style.css 中，并在 D:\webs\poets\poem.html 中添加到此 css 文档的链接。

```
<link rel="stylesheet" type="text/css" href="css/style.css" />
```

（1）为页面设置不会随文档滚动的背景图片。

（2）设置网页的字体为"微软雅黑"，字号为"11pt"。

```
body{
    background:url(images/bg.gif) no-repeat fixed;
    font-size:11px;
    font-family:微软雅黑;}
```

（3）标题和图片居中。

```
h2,h4{text-align:center;}
#img{text-align:center;}
```

（4）图片大小为 40%。

```
img{size:40%;}
```

（5）设置各段落行距为 25px，左侧缩进 30px。

```
p{line-height:25px;text-indent:30px;}
```

对"诗词赏析"页面进行 CSS 格式化排版的完整代码如下:

```
body{
    background:url(images/bg.gif) no-repeat fixed;
    font-size:11px;
    font-family:微软雅黑; }
h2,h4{text-align:center;}
#img{text-align:center;}
img{size:40%;}
p{line-height:25px;text-indent:30px;}
```

注意: 图片不能通过 text-align 直接设置居中，需要另行处理:

```
<!--img 不能直接居中，需在 img 外包裹 div 标签，并使其文本居中-->
<div id="img"><img src="poem.jpg" title="陆游唐琬" /></div>
```

练习与提高

1. 模仿实现百度百科页面，合理运用各种 HTML 标签并对照效果图设置 CSS 样式，如图 1-27 所示。

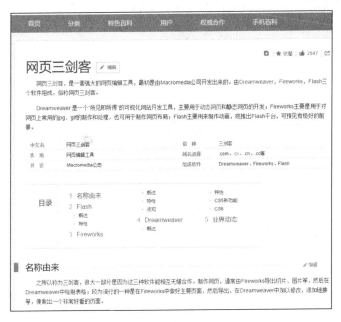

图 1-27　习题 1 效果图

2. 模仿实现豆瓣页面，合理运用各种 HTML 标签并对照效果图设置 CSS 样式，如图 1-28 所示。

图 1-28　习题 2 效果图

项目 2 | 列 表 应 用

学习目标：

（1）掌握列表的结构与列表标签的语法。

（2）能理解各种列表的应用场合。

（3）能正确使用嵌套列表。

（4）能合理应用列表标签组织网页内容。

学习任务：

（1）创建基本列表：应用基本列表组织页面内容。

（2）创建嵌套列表：创建问卷页面。

（3）列表应用：创建新闻列表。

任务 1　创建基本列表

列表标签的作用是给一堆数据添加列表语意，也就是告诉搜索引擎和浏览器这一堆数据是一个整体。列表又分无序列表（Unordered List）、有序列表（Ordered List）和定义列表（Definition List）3 种。

通过任务 1 的学习，将对各种列表标签的基本语法和用法有一个初步理解。

2.1.1　应用基本列表组织页面内容

将"结构化页面.doc"中的内容转换成相应的 HTML 文档，选取合适的列表标签呈现列表内容，如图 2-1 所示。

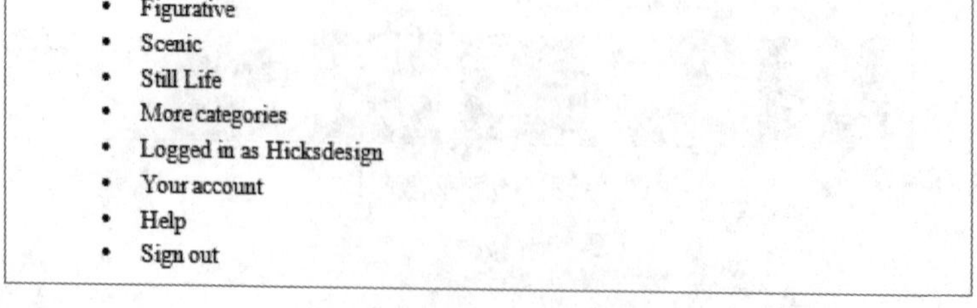

PhotoSquares

- Abstract
- Figurative
- Scenic
- Still Life
- More categories
- Logged in as Hicksdesign
- Your account
- Help
- Sign out

图 2-1　结构化页面示意图

Need help with your photos?

If you have two or more conflicting CSS rules that point to the same elements, there are some basic rules that a browser follows to determine which one is most specific and therefore wins out.

Patric Griffiths

From your gallery

1. Circular windows
2. Grid squares
3. Leaf
4. Roof detail
5. Shell
6. Leaf weins

Three elements of a web page

HTML
　Making the standard language of a web page, controlling the structure of page
CSS
　Cascading stylesheets that control the style of a web page
JavaScript
　A scripting language that controls the behavior of a web page

图 2-1　结构化页面示意图（续）

2.1.2　知识学习

1. 使用 ul 添加新闻信息列表

在浏览网页时，会发现网页上有很多信息的列表，如新闻列表、图片列表，如图 2-2 和图 2-3 所示。

* 谷歌Pixel Buds 2对比AirPods:哪款更适合你？（视频）
* Surface头戴无线降噪耳机2发布 Surface Go 2变美了
* IDC:2020年Q1中国智能手机市场出货量约6600万台
* 魅族17堪称性能担当？ 新机联合晓芳窑带来天青色
* 苹果发布iOS 13.5新测试版:追踪新冠病毒App出现
* 诺基亚9.3配屏下摄像头？ 安卓系统微软手机要来了
* 年轻人喜爱自拍手机推荐 适合玩游戏的手机选购指南

图 2-2　无序新闻列表

图 2-3　无序图片列表

在网页制作中，列表是必不可少的，且是一种非常有用的数据排列方式。当需要对网页中某些相关的内容进行分组或顺序排列时，恰当地使用列表标签（ul-li 或 ol-li）是个明智的选择。

无序列表可以使用 ul-li 标签来完成。ul-li 是没有前后顺序的信息列表。

语法：

```
<ul>
  <li>信息</li>
  <li>信息</li>
  ...
</ul>
```

举例：

```
<ul>
    <li>精彩少年</li>
    <li>美丽突然出现</li>
    <li>触动心灵的旋律</li>
</ul>
```

ul-li 在网页中显示的默认样式一般为每项<li>前都自带一个圆点，如图 2-4 所示。

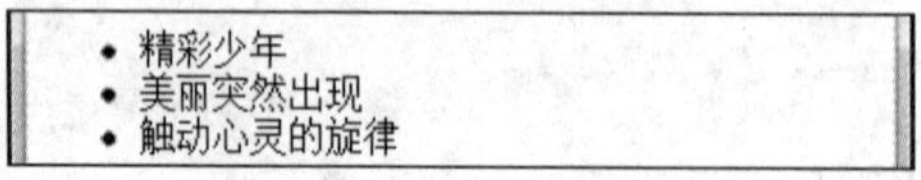

- 精彩少年
- 美丽突然出现
- 触动心灵的旋律

图 2-4　无序列表显示效果

2．使用 ol 添加图书销售排行榜

如果想在网页中展示有前后顺序的信息列表，如百度音乐上的歌曲排行榜，如图 2-5 所示，可以使用<ol>标签以有序列表的形式来展示。

热歌榜　　　　　　　　　　　　　　更多>>

1 - 刚好遇见你	李玉刚	▶ +
2 - 成都	赵雷	▶ +
3 - 你还要我怎样	薛之谦	▶ +
4 - 大王叫我来巡山	贾乃亮/甜馨	▶ +
5 - 你是我今生的依靠	冷漠/杨小曼	▶ +
6 - 暧昧	薛之谦	▶ +
7 - 喜欢你	G.E.M.邓紫棋	▶ +
8 - 你不来我不老 (对...	高安/西单女孩	▶ +
9 - 最初的记忆	徐佳莹	▶ +
10 - 告白气球	周杰伦	▶ +

图 2-5　有序列表显示排行榜

语法：

```
<ol>
    <li>信息</li>
    <li>信息</li>
    ...
</ol>
```

举例，下面是一个热点课程下载排行榜：

```
<ol>
    <li>前端开发面试心法 </li>
    <li>零基础学习 html</li>
    <li>JavaScript 全攻略</li>
</ol>
```

<ol>在网页中显示的默认样式一般为每项<li>前都自带一个序号，序号默认从 1 开始，如图 2-6 所示。

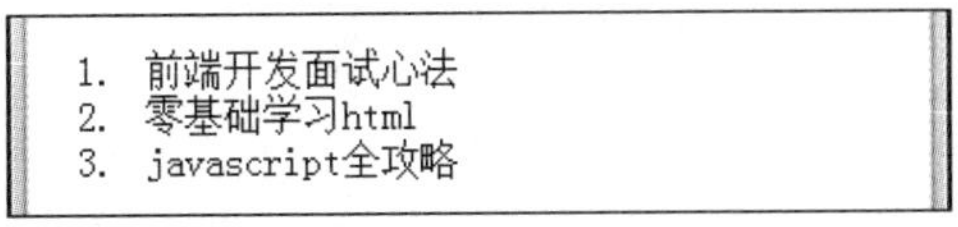

```
1. 前端开发面试心法
2. 零基础学习html
3. javascript全攻略
```

图 2-6　有序列表显示效果

3. 使用 dl 添加定义列表

定义列表通常用于表示名词或者概念的定义，由两部分组成：第一部分是名词或者概念，第二部分是相应的解释和描述。

语法：

```
<dl>
<dt>定义条件</dt>
<dd>定义描述</dd>
…
</dl>
```

说明：

在该语法中，<dl>标签和</dl>标签分别定义了定义列表的开始和结束，<dt>后面就是要解释的名称，而在<dd>后面则添加该名词的具体解释。

举例：

```
<dl>
    <dt>HTML</dt>
    <dd>制作网页的标准语言，控制网页的结构</dd>
    <dt>CSS</dt>
    <dd>层叠样式表，控制网页的样式</dd>
    <dt>JavaScript</dt>
    <dd>脚本语言，控制网页的行为</dd>
</dl>
```

在浏览器中的显示效果如图 2-7 所示。

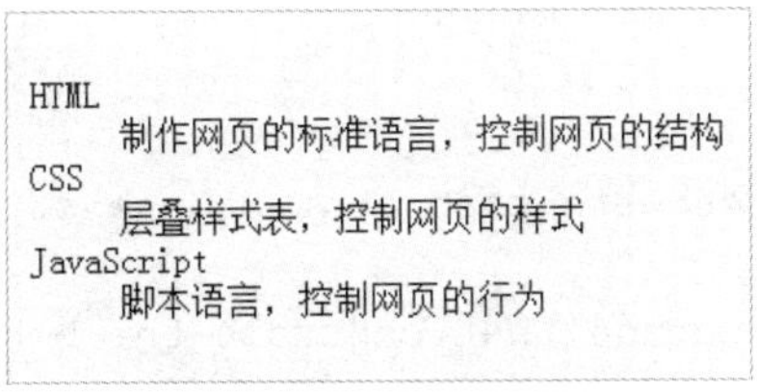

```
HTML
      制作网页的标准语言，控制网页的结构
CSS
      层叠样式表，控制网页的样式
JavaScript
      脚本语言，控制网页的行为
```

图 2-7　定义列表显示效果

2.1.3　实践操作

在网页制作中，可以应用多种列表对网页中的信息进行编排。

在 2.1.1 节给出的结构化页面中，用无序的项目符号组织的内容在网页中可以用无序列表来组织呈现，带编号的内容可以用有序列表来组织呈现，名称解释部分则应选用定义列表来组织。

参考代码如下：

```
<body>
<h1>PhotoSquares</h1>
<!—用无序列表组织带项目符号的内容-->
```

```
<ul>
    <li>Abstract</li>
    <li>Figurative</li>
    <li>Scenic</li>
    <li>Still Life</li>
    <li>More categories</li>
    <li>Logged in as Hicksdesign</li>
    <li>Your account</li>
    <li>Help</li>
    <li>Sign out</li>
</ul>
<h2>Need help with your photos?</h2>
<p>If you have two or more conflicting CSS rules that point to the same elements,
there are some basic rules that a browser follows to determine which one is
most specific and therefore wins out.</p>
<p id="author">Patric Griffiths</p>
<h2>From your gallery</h2>
<!--用有序列表组织带编号的内容-->
<ol>
    <li>Circular windows</li>
    <li>Grid squares</li>
    <li>Leaf</li>
    <li>Roof detail</li>
    <li>Shell</li>
    <li>Leaf weins</li>
</ol>
<h2>Three elements of a web page</h2>
<!--用定义列表组织概念-->
<dl>
    <dt>HTML</dt>
    <dd>>Making the standard language of a web page,contolling the structure
of page</dd>
    <dt>CSS</dt>
    <dd>Cascading stylesheets that control the style of a web page</dd>
    <dt>JavaScript</dt>
    <dd>A scripting language that controls the behavior of a web page</dd>
    </dl>
</body>
```

任务 2　创建嵌套列表

列表嵌套能将网页内容分割为多个层次，如图书的目录或者多级导航，让页面内容有很强的层次感。有序列表和无序列表不仅能自身嵌套，而且也能互相嵌套。通过任务 2 的练习，将理解和掌握列表的正确嵌套方式。

2.2.1　创建问卷页面

带多级编号的问卷是一种很常见的嵌套列表。任务 2 要求选用合适的 HTML 列表标签呈现问卷内容，如图 2-8 所示。

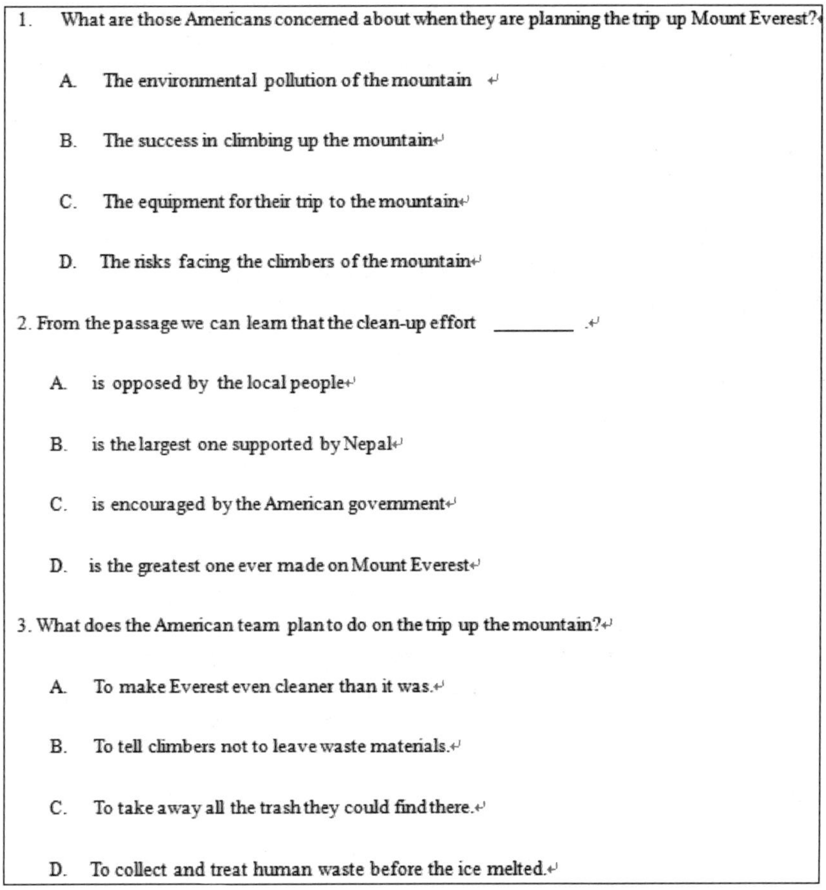

1. What are those Americans concerned about when they are planning the trip up Mount Everest?

    A.　The environmental pollution of the mountain

    B.　The success in climbing up the mountain

    C.　The equipment for their trip to the mountain

    D.　The risks facing the climbers of the mountain

2. From the passage we can learn that the clean-up effort ＿＿＿＿＿ .

    A.　is opposed by the local people

    B.　is the largest one supported by Nepal

    C.　is encouraged by the American government

    D.　is the greatest one ever made on Mount Everest

3. What does the American team plan to do on the trip up the mountain?

    A.　To make Everest even cleaner than it was.

    B.　To tell climbers not to leave waste materials.

    C.　To take away all the trash they could find there.

    D.　To collect and treat human waste before the ice melted.

图 2-8　问卷示意图

2.2.2　知识学习

列表之间的嵌套

列表嵌套的 HTML 书写是很多人容易犯的错误，经常写错的格式如下：

```
<ul>
    <li>男性</li>
    <li>
        <ol>女性
            <li>女孩子</li>
            <li>姑娘</li>
            <li>大妈</li>
        </ol>
    </li>
</ul>
```

这里包括两处错误：一是<ul>或<ol>后不允许直接跟文字，二是这里的文字"女性"应当在第二个<li>后。正确格式如下：

```
<ul>
```

```
    <li>男性</li>
    <li>女性
      <ol>
          <li>女孩子</li>
          <li>姑娘</li>
          <li>大妈</li>
      </ol>
    </li>
</ul>
```

使用适合的标签进行合理的嵌套可以实现很多复杂的布局，如常见的二级导航、<table>标签、滑动门等，甚至完全不需要使用 JavaScript 操作 DOM 即可完成，而且实现简单，语义性强。

2.2.3 实践操作

实现任务 2 中嵌套列表的参考代码如下：

```
<!DOCTYPE html>
<html>
<head>
    <meta charset="utf-8"/>
    <title>有序嵌套列表</title>
    <style type="text/css">
        /*设置二级列表显示类型为大写英文字母*/
        ol li ol{list-style-type:upper-alpha;}
    </style>
</head>
<body>
    <ol>
        <li>What are those Americans concerned about when they are planning the
trip up Mount Everest?
        <ol>
            <li>The environmental pollution of the mountain </li>
            <li>The success in climbing up the mountain</li>
            <li>The equipment for their trip to the mountain</li>
            <li>The risks facing the climbers of the mountain</li>
        </ol>
        </li>
        <li>From the passage we can learn that the clean-up effort
            <ol>
                <li>is opposed by the local people</li>
                <li>is the largest one supported by Nepal</li>
                <li>is encouraged by the American government</li>
                <li>is the greatest one ever made on Mount Everest</li>
            </ol>
        </li>
        <li>What does the American team plan to do on the trip up the mountain?
            <ol>
                <li>To make Everest even cleaner than it was.</li>
                <li>To tell climbers not to leave waste materials.</li>
                <li>To take away all the trash they could find there.</li>
                <li>To collect and treat human waste before the ice melted.</li>
```

```
          </ol>
        </li>
      <ol>
  </body>
</html>
```

任务 3 新 闻 列 表

新闻列表是网站的一个重要组成元素，如何处理它的外观显得尤为重要。通过任务 3 的学习，将掌握如何合理地应用列表标签组织新闻标题，并应用 CSS 对新闻列表的外观进行美化处理。

2.3.1 创建新闻列表

将新闻标题与日期分别处理成左对齐和右对齐，而且当鼠标指针在链接上悬停时，呈现出色彩变化。新闻标题通过背景设置，加上"＊"替代项目符号。总体效果可参考图 2-9。

图 2-9 新闻列表示意图

2.3.2 知识学习

列表的 CSS

列表最重要的 CSS 属性便是 list-style 属性，它的语法如下：

list-style:list-style-image||list-style-position||list-style-type

list-style-image 可定义列表前所使用的图片，list-style-position 属性取值含 outside、inside；outside 为默认值，列表项目标记此时被放置在文本以外，且环绕文本不根据标记对齐，inside 表示列表项目标记被放置在文本以内，文本环绕对齐。示例代码如下，效果如图 2-10 所示。

```
<style type="text/css">
    ul{border:dotted 1px #666;}
    li{background:#ddd;}
    ul.out{list-style-position:outside;}
    ul.in{list-style-position:inside;}
```

```
</style>
```

list-style-position 为 outside：

```
<ul class="out">
    <li>关于主题</li>
    <li>关于形式</li>
    <li>关于内容</li>
</ul>
<h4>list-style-position 为 inside</h4>
<ul class="in">
    <li>关于主题</li>
    <li>关于形式</li>
    <li>关于内容</li>
</ul>
```

图 2-10　list-style-position

若列表外标签<ul>、<dl>或<ol>的 padding-left 设置为 0，且 list-style-position 为 outside 时，列表符号将不会显示，如为上述代码中的 ul 添加 "padding-left:0;"，显示效果如图 2-11 所示。

图 2-11　padding-left 设置为 0 时列表显示效果

list-style-type 为列表显示类型，它共有 9 种常见属性值：

disc：默认值，实心圆。

circle：空心圆。

square：实心方块。

decimal：阿拉伯数字。

lower-roman：小写罗马数字。

upper-roman：大写罗马数字。

lower-alpha：小写英文字母。

upper-alpha：大写英文字母。

none：不使用项目符号。

可以看到，不同列表实际上只是 list-style-type 取值不一样而已，通过设置 list-style-type 即可实现不同的显示效果。

2.3.3　实践操作

新闻列表一般是用无序列表来组织，如何处理无序列表的外观，使它呈现简洁明快的外观，是这个练习的要点。这个实例中，我们将新闻标题与日期分别处理成左对齐和右对齐，并且设置当鼠标指针在链接上悬停时，呈现出色彩变化。新闻标题通过背景设置，加上"●"替代项目符号。总体效果可参考图 2-9。

多个新闻标题之间的关系是彼此并列的，并且分属于"学院要闻"和"通知公告"两个模块，因此考虑使用两个列表来组织这些新闻标题。

新闻标题后的日期，虽然跟标题在同一行内，但需要单独设置样式，因此要将这些日期包裹到 span 标签中。如何为多个日期快速添加 span 标签？可以利用编辑器的查找替换功能，分别批量设置 span 的开始标签和结束标签。

```
<span class="span_time">[15-04-03]</span>
```

每个模块右上角的"more"被单击后会链接跳转，要进行浮动设置，并使用了不同的背景图片。为方便分别为它们设置样式，为这两个"more"单独设置了两个 div。代码如下：

```
<div id="new_list">
    <div id="div_moreschool">
        <a target='_blank' href="/newsList.aspx ">more</a>
    </div>
    <ul class="ul_school">
        <li><a target='_blank' href="#">我校运输管理学院 2014 届毕业生刘猛获"全
路最美..</a><span class="span_time">[15-04-03]</span></li>
        ...
    </ul>
    <div id="div_moretong">
        <a target='_blank' href="/newsList.aspx ">more</a>
    </div>
    <ul class="ul_school">
        <li><a target='_blank' href="#">南京铁道职业技术学院"清明节"假期值班
安排表</a><span class="span_time">[15-04-03]</span></li>
        ...
    </ul>
</div>
```

在设置 CSS 之前，页面在浏览器中的展现如图 2-12 所示。

接下来进行样式处理。在当前网页中添加 CSS 样式，先设置网页的字体字号，设置字体为宋体，字号为 12px；去除超链接文本的下画线，再将列表前默认的项目符号去掉，设置列表左侧缩进 5px。添加 CSS 代码如下：

```
a{text-decoration:none;}
.ul_school{
    list-style:none;
    padding-left: 5px;
}
```

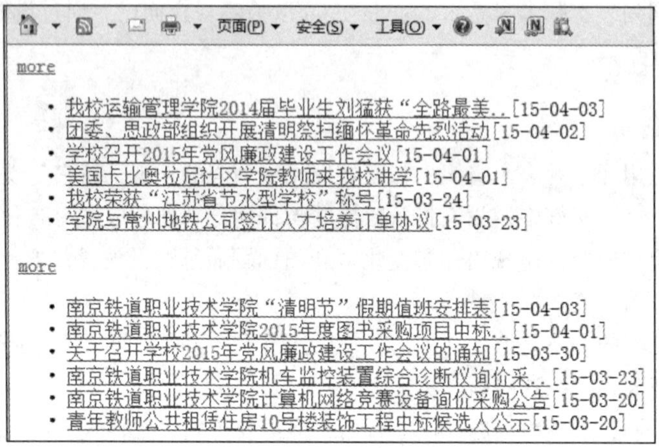

图 2-12　未设置 CSS 前的新闻列表

设置列表项的宽度、高度、行高、左边距。

```
.ul_school li
{
    width: 400px;
    height: 22px;
    line-height: 22px;
    padding-left:12px;
}
```

然后要为每个列表项设置图片替代默认的项目符号。

列表项前的这个图片，可以用之前介绍的 list-style-image 属性来设置。如下代码所示：

```
List-style-image: url(images/dian.jpg);
```

图片太靠前了，再设置 list-style-position 属性，调整图片的位置。

因为列表项位置的取值只有 outside 和 inside 两种选项，因此有时想把图片调整到想要的位置，可能效果并不理想。

其实，可以用另一种方法来替代它，采用背景图片得到类似的效果，设置更方便。

删除 list-style 属性的设置，添加 background 属性，设置背景不平铺：

```
background : url(images/dian.jpg) no-repeat 0 10px;
```

使用 background 属性设置列表图片的好处是可以对背景图片进行精确定位。

接下来设置链接文本的颜色（深灰）、字体、字号：

```
.ul_school li a {
    color: #333;
    font-family:宋体;
    font-size:12px;
```

```
    float:left;
}
```

设置鼠标指针悬停时的文字颜色：

```
.ul_school li a:hover {color: #0065c9; }
```

通过 CSS，设置新闻标题后的日期，向右浮动，并设置日期的右边距、文本颜色、字体、字号。

```
.ul_school li .span_time {
    float: right;
    padding-right: 10px;
    color: #666;
    font-family:Verdana;
    font-size:9px;
}
```

当前页面的显示效果如图 2-13 所示。

more	
我校运输管理学院2014届毕业生刘猛获"全路最美..	[15-04-03]
团委、思政部组织开展清明祭扫缅怀革命先烈活动	[15-04-02]
学校召开2015年党风廉政建设工作会议	[15-04-01]
美国卡比奥拉社区学院教师来我校讲学	[15-04-01]
我校荣获"江苏省节水型学校"称号	[15-03-24]
学院与常州地铁公司签订人才培养订单协议	[15-03-23]
more	
南京铁道职业技术学院"清明节"假期值班安排表	[15-04-03]
南京铁道职业技术学院2015年度图书采购项目中标..	[15-04-01]
关于召开学校2015年党风廉政建设工作会议的通知	[15-03-30]
南京铁道职业技术学院机车监控装置综合诊断仪询价采..	[15-03-23]
南京铁道职业技术学院计算机网络竞赛设备询价采购公告	[15-03-20]
青年教师公共租赁住房10号楼装饰工程中标候选人公示	[15-03-20]

图 2-13　设置了部分样式的新闻列表

接下来为 more 设置样式。将预先处理好的两个图片设置为对应 div 的背景，如图 2-14 所示。

图 2-14　设置背景

```
#div_moreschool{ background-image: url(images/schoolNew.jpg);}
#div_moretong{ background-image: url(images/tongzhi.jpg);}
```

这两个背景图片的尺寸，宽 445px，高 32px。这其实就是两个 more 所在 div 的高度和宽度。这两个 more 有很多属性是相同的，为了设置方便，可以为它们设置共同的类，将这个 class 命名为 more，然后通过 more 为它们设置相同的宽度 445px、高度 32px；再设置其行高、上下边距以及字体字号：

```
.more{
    width: 445px;
    height: 32px;
    line-height: 32px;
    margin-top: 0px;
    margin-bottom: 10px;
    font-family: Tahoma;
    font-size: 11px;
}
```

设置链接文本浮动到所在 div 的右侧，设置适当的右边距、文本颜色、加粗：

```
.more a {
    float: right;
    padding-right: 38px;
    color: #3583d8;
    font-weight: bold;
}
```

将鼠标指针悬停到链接时，more 应该有适当的颜色变化，如变为红色，也要设置一下：

```
.more a:hover {
    color:red;
}
```

现在模块标题部分效果就实现了，如图 2-15 所示。

图 2-15　设置了 CSS 样式的标题

刷新页面，预览一下，得到了一个简明美观的新闻列表，如图 2-16 所示。

图 2-16　新闻列表

练习与提高

1. 编码实现图 2-17 所示的分类列表。

境内酒店预订	境外酒店预订	人气航线预订	热门门票预订	快捷服务窗口
上海酒店	曼谷酒店	上海-深圳	上海景点门票	抢火车票
北京酒店	东京酒店	北京-上海	北京景点门票	买汽车票
广州酒店	新加坡酒店	上海-广州	广州景点门票	办理签证
珠海酒店	吉隆坡酒店	北京-成都	西安景点门票	租车专车

图 2-17　习题 1 的分类列表

2. 编码实现图 2-18 所示的商品分类列表。

要求：

（1）标题字体大小为 18 px，白色，加粗显示，行距 35 px。

（2）背景颜色为蓝色，向内缩进一个字符。

（3）电器分类字体大小为 14 px，加粗，行距 30 px，背景浅蓝。

（4）电器分类超链接字体颜色为蓝色，无下画线，当鼠标指针悬停超链接上出现下画线。

（5）分区内容字体为 12 px，行距 20 px，超链接字体颜色为灰色，无下画线，鼠标指针悬停红色，显示下画线。

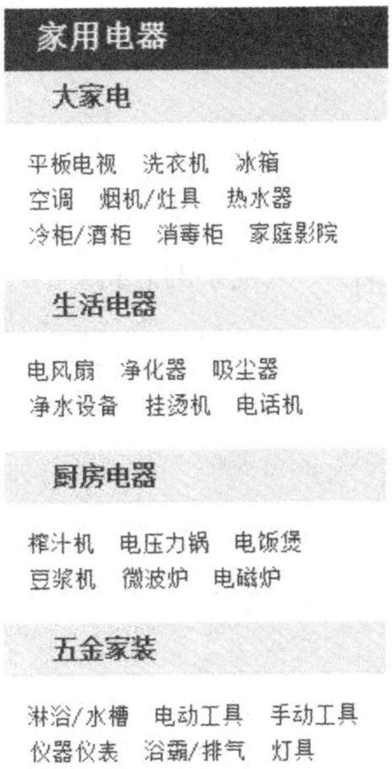

图 2-18 习题 2 的商品分类列表

项目3 | 表格应用

学习目标：

（1）能合理应用各种表格标签组织数据表格。

（2）能合理使用 CSS 为表格设置各种格式并添加常见的特效。

（3）能设置合并行或列，创建结构相对复杂的表格。

学习任务：

（1）简单表格应用：创建普通数据表。

（2）表格样式设置：制作斑马纹效果的表格。

（3）复杂表格应用：制作个人简历表格。

任务 1 简单表格应用

表格标签是 HTML 组件中非常重要的一个组件，也是最常用的组件之一。在 Web 开发的早期，表格常常被用于进行网页布局。随着 Web 开发技术的不断发展，CSS 网页布局已经替代了表格网页布局，使网页中用于显示数据的代码（HTML 代码）和用于实现网页布局的代码（CSS 代码）实现了有效分离，而表格标签回归到其本来面目——用于批量显示数据。任务 1 将介绍表格标签和 CSS 代码的综合应用。

3.1.1 制作普通表格

制作图 3-1 所示的表格。

图 3-1 制作表格

3.1.2　知识学习

1. 普通表格的组织结构

在 HTML 语言中，表格是用<table>标签定义的。一个表格被划分为行（使用<tr>标签），每行又被划分为单元格（使用<td>或<th>标签）。td 表示"表格数据"（Table Data），即数据单元格的内容。数据单元格可以包含文本、图像、列表、段落、表单、水平线、表格等。th 表示"表格标题"（Table Head），即表头单元格。th 元素内部的文本通常会呈现为居中的粗体文本，而 td 元素内的文本通常是左对齐的普通文本。当然它们的具体显示样式可以通过 CSS 属性进行定义。

一个典型的表格结构可定义为：

```
<table>
    <caption></ caption>
    <tr>
        <th></th>…<th></th>
    </tr>
    <tr>
        <td></td>…<td></td>
    </tr>
    <tr>
        <td></td>…<td></td>
    </tr>
        …
</table>
```

其中：

（1）<table>标签用于定义一个表格。

（2）<caption>标签用于定义表格标题。<caption>标签必须紧随<table>标签之后，并且只能对每个表格定义一个标题。通常这个标题会被居中于表格之上，如果需要也可以置于表格的任何一条边上。可以通过 CSS 的 align 属性进行设置，left 表示置于表格的左边，right 表示置于表格的右边，top 表示置于表格的顶部，bottom 表示置于表格的底部。

（3）<tr>标签用于定义表格中的行。一个 tr 元素通常包含一个或多个 th 或 td 元素。

（4）<td>标签用于定义表格中的标准单元格，该单元格中包含数据。td 元素中的文本一般显示为正常字体且左对齐。

（5）<th>标签用于定义表格中的表头单元格，该单元格中包含表头信息，而非数据。th 元素内部的文本通常会呈现为居中的粗体文本。

并不是任何时候都用<th>标签表示表头单元格、用<td>标签表示数据单元格。有时可能<th>标签和<td>标签都用于表示数据单元格，而其作用仅仅是用于区别它们是两种不同的单元格对象，以方便使用 CSS 属性对它们进行布局控制。

2. 用 CSS 样式为表格加入边框

在目前的 Web 开发技术中，表格显示效果的设置一般采用 CSS 技术实现，而不再采用标签的属性实现。Table 表格在没有添加 CSS 样式之前是没有边框的。下面将使用 CSS 技术逐步为表格添加边框。

设置边框使用 border 属性，具体格式如下：

```
border : border-width || border-style || border-color
```

其中：

（1）border-width 用于设置边框的宽度，一般用像素作单位，如 1px。

（2）border-style 用于设置边框的样式，CSS 中通常有 9 种不同的边框样式：

none：无边框。

solid：单实线边框。

double：双实线边框。

dotted：点画线边框。

dashed：虚线边框。

groove：立体线边框。

ridge：凸起线边框。

inset：嵌入线边框。

outset：浮雕线边框。

（3）border-color 用于设置边框的颜色，一般使用两种常用的方法表示颜色：一种是使用颜色名称，如 red、silver 等；另一种是使用 RGB 格式表示，如#FF8870。使用第二种格式可以表示更多的颜色。

在代码编辑器中添加如下代码：

```
<style type="text/css">
    table tr td,th{border:1px solid #000;}
</style>
```

上述代码为 th、td 单元格添加粗细为一个像素的黑色边框。结果窗口显示的结果样式如图 3-2 所示。

班级	学生数	平均成绩
一班	30	89
二班	35	85
三班	32	80

图 3-2　添加一个像素黑色边框的表格

3. 用 caption 标签为表格添加标题和摘要

可以根据需要使用标题和摘要对表格进行格式化。

（1）摘要。摘要的内容是不会在浏览器中显示出来的。它的作用是增加表格的可读性（语义化），使搜索引擎更好地读懂表格内容，还可以使屏幕阅读器更好地帮助特殊用户读取表格内容。

语法：`<table summary="表格简介文本">`

（2）标题。用以描述表格内容，标题的显示位置为表格的四周（即四条外边框的位置），在默认情况下显示在表格的上方。

语法：

```
<table>
    <caption>标题文本</caption>
    <tr>
```

```
        <td>...</td>
        <td>...</td>
        ...
    </tr>
    ...
</table>
```

3.1.3 实践操作

1. 表格实现的基本代码

任务 1 的 HTML 代码如下：

```
<table>
    <tr>
        <td></td>
        <td>Smart Starter</td>
        <td>Smart Medium</td>
        <td>Smart Business</td>
        <td>Smart Deluxe</td>
    </tr>
    <tr>
        <td>Storage Space</td>
        <td>512 MB</td>
        <td>1 GB</td>
        <td>2 GB</td>
        <td>4 GB</td>
    </tr>
    <tr>
        <td>Bandwidth</td>
        <td>50 GB</td>
        <td>100 GB</td>
        <td>150 GB</td>
        <td>Unlimited</td>
    </tr>
    <tr>
        <td>MySQL Databases</td>
        <td>Unlimited</td>
        <td>Unlimited</td>
        <td>Unlimited</td>
        <td>Unlimited</td>
    </tr>
    <tr>
        <td>Setup</td>
        <td>19.90 $</td>
        <td>12.90 %</td>
        <td>free</td>
        <td>free</td>
    </tr>
    <tr>
        <td>PHP 5</td>
```

```
          <td>√</td>
          <td>√</td>
          <td>√</td>
          <td>√</td>
      </tr>
      <tr>
          <td>Ruby on Rails</td>
          <td>√</td>
          <td>√</td>
          <td>√</td>
          <td>√</td>
      </tr>
</table>
```

运行结果如图 3-3 所示。

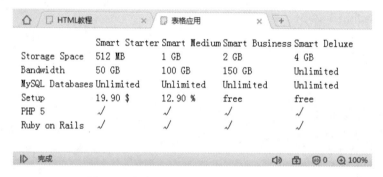

图 3-3　任务 1 的 HTML 代码的显示结果

2. 设置表格的显示效果

1）设置表格的外边框

```
table {border:1px solid #A2A0A2;}
```

2）设置表格单元格的对齐方式

```
td { text-align:center; }
```

3）设置表格的行高

```
tr { height:35px; }
```

4）设置表格的列宽

设置表格中第一列列宽为 140 px；其他列的列宽相同，为 100 px。

```
td { width:100px; }
```

因为第一列的列宽与其他列的列宽不同，必须单独设置，因此采用类选择符实现。

首先在 CSS 中定义类选择符.firstCol，代码如下：

```
.firstCol { width:140px; }
```

然后，对表格第一行中第一列的单元格 td 设置类选择符为.firstCol，代码如下：

```
<td class="firstCol"></td>
```

因为每个表格的任何一列的列宽是相同的，因此，只需要设置第一行中第一列单元格的列宽即可，而不需要对该列中的所有单元格进行列宽设置。

5）设置表格中所有文字的大小为 10 px

```
td { font-size:10px; }
```

6）设置表格中单元格的背景色

将所有单元格的背景色设置为浅绿色，代码如下：

```
td { background-color:#C6FFC6; }
```

将第一行和第一列中除第一个单元格以外的其他单元格的背景色设置为绿色。

首先，将第一行所有单元格的背景色设置为绿色，代码如下：

```
.headBackgroudColor td { background-color:Green; }
```

其次，将第一列中其他单元格的背景色设置为绿色。

第一步，在 CSS 中定义类选择符.headBackgroudColor，代码如下：

```
.headBackgroudColor { background-color:Green; }
```

第二步，对表格第一列中其他单元格 td 设置类选择符为.headBackgroudColor，代码如下：

```
<td class="headBackgroudColor">Storage Space</td>
<td class="headBackgroudColor">Bandwidth</td>
<td class="headBackgroudColor">MySQL Databases</td>
<td class="headBackgroudColor">Setup</td>
<td class="headBackgroudColor">PHP 5</td>
<td class="headBackgroudColor">Ruby on Rails</td>
```

将第一行第一个单元格的背景色设置为白色。

首先在 CSS 中定义类选择符.headBackgroudColor.firtTd，代码如下：

```
.headBackgroudColor.firtTd { background-color:White; }
```

然后，对表格中第一行中第一列的单元格 td 设置类选择符为.firtTd，代码如下：

```
<td class="firstCol firtTd"></td>
```

7）设置表格的内边距

在 CSS 中属性 padding 用于设置对象的内边距，它是一个综合属性，用于检索或设置对象四边的内边距。其设置格式为：

```
padding: [上单元][右单元][下单元][左单元]
```

如果提供全部 4 个参数值，将按上 – 右 – 下 – 左的顺序作用于四边，例如：

```
padding: 10px 5px 10px 5px;
```

如果只提供一个，将用于全部的四条边，例如：

```
padding: 10px;
```

如果提供两个，第一个用于上 – 下，第二个用于左 – 右，例如：

```
padding: 10px 5px;
```

如果提供 3 个，第一个用于上，第二个用于左 – 右，第三个用于下，例如：

```
padding: 10px 5px 15px;
```

如果同时设置多个边的内边距，则通常使用综合属性 padding 一次完成多个内边距的设置。如果只对某个内边距进行设置，则通常使用单个内边距的属性。

如果设置对象上面（顶部）的内边距，则使用 padding-top 属性，其格式为：

```
padding-top: length;
```

如果设置对象右边的内边距，则使用 padding-right 属性，其格式为：

```
padding-right: length;
```

如果设置对象下面（底部）的内边距，则使用 padding-bottom 属性，其格式为：
```
padding-bottom: length;
```

如果设置对象左边的内边距，则使用 padding–left 属性，其格式为：
```
padding-left: length;
```

在此，将表格的上边距和左边距设置为 10 px，将表格的下边距和右边距设置为 5 px：
```
table { padding:10px 5px 5px 10px; }
```

3. 设置表格显示效果的 CSS 源代码

上面实现了任务 1 中的表格显示效果的 CSS 源代码，汇总如下：

```html
<style type="text/css">
    table {
        border:1px solid #A2A0A2;
        padding:10px 5px 5px 10px;
    }
    /*单元格内容水平居中*/
    td{
        text-align:center
    }
    tr{
        height:35px;
    }
    td{
        width:100px;
        font-size:10px;
        background-color:#C6FFC6;
    }
    /*单独设置第一类的宽度*/
    .firstCol{
        width:140px;
    }
    /*设置首行和首列的背景色*/
    .headBackgroudColor td,.headBackgroudColor{
        background-color:Green;
    }
    /*设置数据单元格的背景色*/
    .headBackgroudColor.firtTd {
        background-color:White;
    }
</style>
```

任务 2　制作斑马纹效果

在工作中，会用到各种各样的表格，为了美观或阅读方便，网页中的表格常常会被赋予各种特殊格式，包括任务 2 所呈现的隔行变色（斑马纹）特效。

3.2.1　制作斑马纹效果的表格

制作图 3-4 所示的网页效果，具体要求如下：

（1）实现在表格显示时能够实现隔行变色，即相邻的行使用不同的背景色。

（2）实现当鼠标指针悬停时，能够改变表格中该行的背景色，如图 3-4 中的"目的地"为"郑州"的行所示。

（3）要求表格中所有标题文字内容居中显示，数据文字内容右对齐显示。

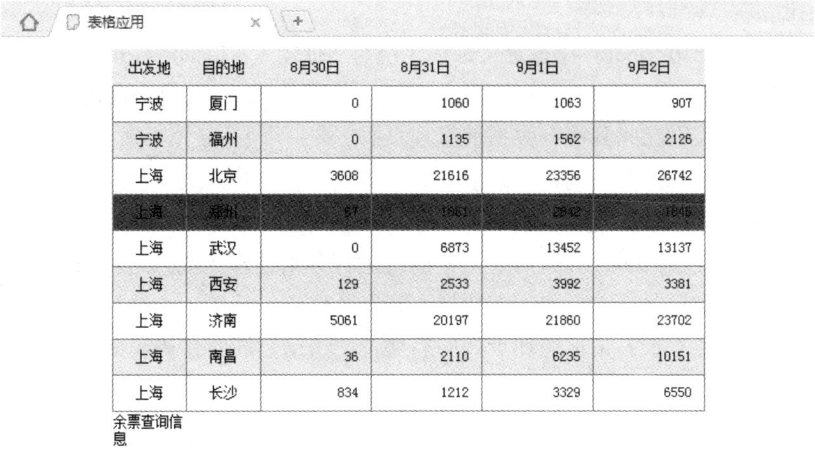

出发地	目的地	8月30日	8月31日	9月1日	9月2日
宁波	厦门	0	1060	1063	907
宁波	福州	0	1135	1562	2126
上海	北京	3608	21616	23356	26742
上海	郑州	67	1861	2642	1648
上海	武汉	0	6873	13452	13137
上海	西安	129	2533	3992	3381
上海	济南	5061	20197	21860	23702
上海	南昌	36	2110	6235	10151
上海	长沙	834	1212	3329	6550

余票查询信息

图 3-4　表格显示效果

3.2.2　知识学习

高级表格的组织结构

在 HTML4.0 中，将表格内容进行了分组，分为 3 种不同的组，分别为"表头""主体""表注"。

一个典型的复杂表格结构可定义为：

```
<table>
    <thead>
        <tr>…</tr>
    </thead>
    <tfoot>
        <tr>…</tr>
    </tfoot>
    <tbody>
        <tr>…</tr>
        <tr>…</tr>
            …
    </tbody>
    <tbody>
        <tr>…</tr>
        <tr>…</tr>
            …
    </tbody>
</table>
```

1）表头组

表格的表头部分使用<thead> 标签定义，用于组合 HTML 表格的表头内容。需要注意的是，

<thead> 内部必须拥有 <tr> 标签。

2）主体组

表格的主体部分使用<tbody> 标签定义，用于组合 HTML 表格的主体内容。需要注意的是，<tbody>内部必须拥有<tr>标签。

3）表注组

表格的表注部分使用<tfoot> 标签定义，用于组合 HTML 表格的表注内容。

如果使用 thead、tfoot 以及 tbody 元素，就必须使用全部的元素。它们的出现次序是 thead、tfoot、tbody，这样浏览器就可以在收到所有数据前呈现页脚。在一个 table 元素中只能使用一个 thead 元素和 tfoot 元素，但可以使用多个 tbody 元素。默认情况下，这些元素不会影响到表格的布局。不过，可以使用 CSS 使这些元素改变表格的外观。

使用 thead、tfoot 以及 tbody 元素对表格中的行进行分组处理的优点是：当创建某个表格时，如果我们希望拥有一个标题行、一些带有数据的行以及位于底部的一个总计行；那么这种划分可以使浏览器能够支持独立于表格标题和页脚的表格正文滚动。同时，当长的表格被打印时，表格的表头和页脚可被打印在包含表格数据的每张页面上。

需要注意的是，并不是所有的浏览器都支持这种复杂结构的表格，但目前大部分主流的浏览器比较高的版本都支持。

3.2.3　实践操作

1．表格实现的基本代码

任务 2 的 HTML 代码如下：

```
<!DOCTYPE html>
<head>
    <title>表格应用</title>
    <style type="text/css">

    </style>
</head>
<body>
    <table>
        <thead>
            <tr>
                <td>出发地</td>
                <td>目的地</td>
                <td>8 月 30 日</td>
                <td>8 月 31 日</td>
                <td>9 月 1 日</td>
                <td>9 月 2 日</td>
            </tr>
        </thead>
        <tfoot>
            <tr>
                <td>余票查询信息</td>
            </tr>
        </tfoot>
        <tbody>
```

```
        <tr>
            <th>宁波</th>
            <th>厦门</th>
            <td>0</td>
            <td>1060</td>
            <td>1063</td>
            <td>907</td>
        </tr>
        …
    </tbody>
</table>
</body>
</html>
```

运行结果如图 3-5 所示。

图 3-5　HTML 代码的显示结果

2. 设置表格的显示效果

下面将使用 CSS 技术逐步实现该表格的显示效果。

1）设置表格的居中显示

表格的居中不能使用 align 属性，而应该使用 margin 属性。margin 属性是一个综合属性，用于检索或设置对象四边的外边距。其设置格式为：

margin: [上单元] [右单元] [下单元] [左单元]

如果提供全部 4 个参数值，将按上 – 右 – 下 – 左的顺序作用于四边，如：

margin: 10px 5px 10px 5px;

如果只提供一个，将用于全部的四条边，如：

margin: 10px;

如果提供两个，第一个用于上 – 下，第二个用于左 – 右，如：

margin: 10px 5px;

如果提供 3 个，第一个用于上，第二个用于左 – 右，第三个用于下，如：

margin: 10px 5px 15px;

如果同时设置多个边的外边距，则通常使用综合属性 margin，一次完成多个外边距的设置。

如果只对某个外边距进行设置，则通常使用单个外边距的属性。

如果设置对象上面（顶部）的外边距，则使用 margin-top 属性，其格式为：

```
margin-top:length;
```

如果设置对象右边的外边距，则使用 margin-right 属性，其格式为：

```
margin-right:length;
```

如果设置对象下面（底部）的外边距，则使用 margin-bottom 属性，其格式为：

```
margin-bottom:length;
```

如果设置对象左边的外边距，则使用 margin-left 属性，其格式为：

```
margin-left:length;
```

现在要设置表格的居中显示，则使用如下的 CSS 设置：

```
table { margin:0px auto; }
```

2）设置表格中文字的大小

将表格中文字的大小设置为 10 px，其 CSS 代码如下：

```
table { font-size:10px; }
```

3）设置表格的行高和列宽

将表格行高设置为 30 px，其 CSS 代码如下：

```
tr { height:30px; }
```

将表格中的"出发地"和"目的地"两列的列宽设置为 60 px，其他列的列宽设置为 90 px。分别定义两个 CSS 类选择器，其 CSS 代码如下：

```
.addressCol { width:60px; }
.otherCol  { width:90px; }
```

然后在<thead>标签中的所有<td>标签中应用，其 HTML 代码如下：

```
<thead>
    <tr>
        <td class="addressCol">出发地</td>
        <td class="addressCol">目的地</td>
        <td class="otherCol">8 月 30 日</td>
        <td class="otherCol">8 月 31 日</td>
        <td class="otherCol">9 月 1 日</td>
        <td class="otherCol">9 月 2 日</td>
    </tr>
</thead>
```

4）设置表格标题行的背景色

将表格标题行的背景色设置为#EAEAEA，其 CSS 代码如下：

```
thead { background-color:#EAEAEA; }
```

5）设置表格标题行文字居中显示

其 CSS 代码如下：

```
thead { text-align:center; }
```

6）设置表格中的"出发地"和"目的地"两列文字居中显示，其他列的文字右对齐显示

设置表格中的"出发地"和"目的地"两列文字居中显示，其 CSS 代码如下：

```
tbody th { text-align:center; }
```

设置表格中其他列的文字右对齐显示，其 CSS 代码如下：

```
tbody td { text-align:right; }
```

7）设置表格中的文字颜色

将表格中的"出发地"和"目的地"两列文字设置为普通文字，即不加粗，其 CSS 代码如下：

```
tbody th { font-weight:normal; }
```

将表格中其他列的文字设置为蓝色，其 CSS 代码如下：

```
tbody td { color:Blue; }
```

8）设置表格中除标题行以外其他各行的单元格边框

其 CSS 代码如下：

```
tbody th,tbody td { border:1px solid gray; }
```

9）去除表格中各单元格之间的间隙

去除表格中各单元格之间的间隙需要使用 border-collapse 属性实现。border-collapse 属性用于设置表格的边框是否被合并为一个单一的边框，还是像在标准的 HTML 中那样分开显示。其语法格式为：

```
border-collapse: separate | collapse
```

其中：

separate 默认值，表示边框被分开，不合并。

collapse 表示边框合并，如果相邻，则共用一个边框。

实现去除表格中各单元格之间的间隙的 CSS 代码如下：

```
table { border-collapse:collapse; }
```

10）实现表格显示时能够隔行变色

实现表格显示时能够隔行变色功能，其实就是让表格中的奇数行和偶数行使用不同的背景色。在此，将表格的主体部分中的偶数行的背景色设置为浅绿色（#C6FFC6）。

首先定义一个类选择符.odd，设置其背景色为浅绿色，其 CSS 代码如下：

```
.odd { background-color:#C6FFC6; }
```

其次，在表格的主体部分（即<tbody>标签中）的偶数行的<tr>标签中应用类选择符.odd，其 HTML 代码如下：

```
<tr class="odd">
```

11）实现当鼠标指针悬停时，能够改变表格中当前行的背景色

要实现鼠标指针悬停效果，必须使用伪类"：hover"，其语法格式为：

```
Selector:hover { sRules }
```

功能：设置对象在其鼠标指针悬停时的样式表属性。其中：Selector 为选择符，sRules 为样式表属性。

实现本功能的 CSS 代码如下：

```
tbody tr:hover {
        background-color:#CC00CC;      //设置鼠标指针悬停时的背景色
        cursor:pointer;                //设置鼠标指针悬停时的指针形状
    }
```

3. 设置表格显示效果的 CSS 源代码

上面实现了任务 2 中表格显示效果的 CSS 源代码，现将所有的 CSS 源代码汇总如下：

```css
<style type="text/css">
    table {
        margin:0px auto;
        font-size:10px;
        border-collapse:collapse;
    }
    tbody th,tbody td {
        border:1px solid gray;
    }
    tr {
        height:30px;
    }
    .addressCol{  width:60px; }
    .otherCol {  width:90px; }
    thead{
        background-color:#EAEAEA;
        text-align:center;
    }
    tbody th{
        text-align:center;
        font-weight:normal;
    }
    tbody td {
        text-align:right;
        color:Blue;
        padding-right:10px;
    }
    .odd {
        background-color:#C6FFC6;
    }
    tbody tr:hover{
        background-color:#CC00CC;
        cursor:pointer;
    }
</style>
```

任务 3　复杂表格应用

前面介绍的是普通表格的制作，其特点是每一行列的交叉点都是一个单元格，每一行上的单元格的高度都相同，而每一列上的单元格的宽度也都是相同的。而对于复杂的表格而言，每一行上的单元格的高度有可能不相同，同时每一列上的单元格的宽度也有可能不相同。

3.3.1　制作个人简历表格

制作图 3-6 所示的个人简历表格。

个人简历						
姓名		性别		出生年月		
民族		籍贯		户口		
婚姻状况		健康状况		毕业时间		
毕业院校		专业名称		学历		
手机				E-mail		
求职意向						
教育背景						
工作经验						
证书名称						
自我评价						

图 3-6　个人简历表格

3.3.2　知识学习

对于复杂表格而言，主要体现在需要对不同的单元格进行相应的合并操作，以实现较大的单元格的显示。而对不同的单元格进行合并操作一般使用 colspan 和 rowspan 这两个 HTML 标签属性来实现，而不能使用 CSS 属性来实现。

1）colspan 属性

colspan 属性用于规定单元格可横跨的列数，通常只能用于<td>标签中，其使用格式为：

`<td colspan="number">`

其中，number 为大于 0 的整数，表示单元格可横跨的列数。需要特别注意的是，如果 number 的取值为 0，则指示浏览器横跨到列组的最后一列。

例如，<td colspan="3">，则表示该单元格向后（或向右）横跨 3 列。

2）rowspan 属性

rowspan 属性用于规定单元格可横跨的行数，通常只能用于<td>标签中，其使用格式为：

`<td rowspan="number">`

其中，number 为大于 0 的整数，表示单元格可横跨的行数。需要特别注意的是，如果 number 的取值为 0，则指示浏览器横跨到表格分组部分的最后一行。所谓的表格分组部分，是指一个 thead 分组、一个 tbody 分组或者一个 tfoot 分组，如果没有分组，就是指整个 table。

例如，<td rowspan ="3">，则表示该单元格向下横跨 3 行。

3.3.3 实践操作

1. 表格实现的基本代码

该个人简历表格从本质上看，其实就是一个 11 行 7 列的普通表格，然后对其中的部分单元格进行相应的行或列的合并后的结果。

任务 3 表格部分的 HTML 代码如下：

```
<table>
    <caption>个人简历</caption>
    <tr>
        <td>姓名</td>
        <td></td>
        <td>性别</td>
        <td></td>
        <td>出生年月</td>
        <td></td>
        <td></td>
    </tr>
    <tr>
        <td>民族</td>
        <td></td>
        <td>籍贯</td>
        <td></td>
        <td>户口</td>
        <td></td>
        <td></td>
    </tr>
    <tr>
        <td>婚姻状况</td>
        <td></td>
        <td>健康状况</td>
        <td></td>
        <td>毕业时间</td>
        <td></td>
        <td></td>
    </tr>
    <tr>
        <td>毕业院校</td>
        <td></td>
        <td>专业名称</td>
        <td></td>
        <td>学历</td>
        <td></td>
        <td></td>
    </tr>
    <tr>
```

```
    <td>手机</td>
    <td></td>
    <td></td>
    <td></td>
    <td>E-mail</td>
    <td></td>
    <td></td>
</tr>
<tr>
    <td>求职意向</td>
    <td></td>
    <td></td>
    <td></td>
    <td></td>
    <td></td>
</tr>
<tr>
    <td>教育背景</td>
    <td></td>
    <td></td>
    <td></td>
    <td></td>
    <td></td>
    <td></td>
</tr>
<tr>
    <td>工作经验</td>
    <td></td>
    <td></td>
    <td></td>
    <td></td>
    <td></td>
    <td></td>
</tr>
<tr>
    <td>证书名称</td>
    <td></td>
    <td></td>
    <td></td>
    <td></td>
    <td></td>
    <td></td>
</tr>
<tr>
    <td>自我评价</td>
    <td></td>
    <td></td>
    <td></td>
```

```
            <td></td>
            <td></td>
            <td></td>
        </tr>
    </table>
```

运行结果如图 3-7 所示。

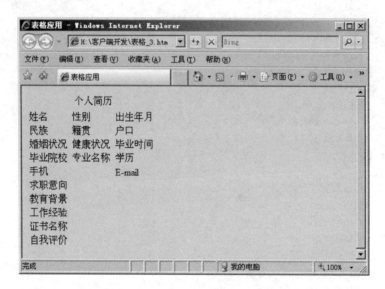

图 3-7　HTML 代码的显示效果

2．通过 CSS 实现表格的布局

下面使用 CSS 技术对本任务的 HTML 表格进行布局控制，以实现个人简历表格的最终要求。

1）设置表格的边框

```
td,caption,table { border:1px solid; }
```

2）设置表格中各列的列宽

其 CSS 代码如下：

```
.colHead { width:50px; }
.colContent { width:120px; }
```

其 HTML 代码如下：

```
<tr>
    <td class="colHead">姓名</td>
    <td class="colContent"></td>
    <td class="colHead">性别</td>
    <td class="colContent"></td>
    <td class="colHead">出生年月</td>
    <td class="colContent"></td>
    <td class="colContent"></td>
</tr>
```

3）去除表格中各单元格之间的间隙

```
table { border-collapse:collapse; }
```

4）设置表格中文字的格式

```
table {
    font-size:20pt;
    font-weight:bolder;
    text-align:center;
}
```

5）合并单元格

第一步，将第一行至第四行最后一列的单元格合并。首先，对第一行的最后一个单元格添加
rowspan 属性，用于合并该列上的 4 个单元格，其 HTML 代码为：

```
<td class="colContent"  rowspan="4"></td>
```

其次，将第二行至第四行最后一列的单元格标签删除。

第二步，将第五行上的第三至第五个单元格合并。首先，对第五行中的第二个单元格添加
colspan 属性，用于合并该行上的 3 个单元格，其 HTML 代码为：

```
<td colspan="3"></td>
```

其次，将该行中第三和第四个单元格标签删除。

第三步，将第五行上的最后两个单元格合并。首先，对第五行中的原来第六个单元格（即
"Email" 后面的单元格）添加 colspan 属性，用于合并该行上的最后两个单元格，其 HTML 代码为：

```
<td colspan="2"></td>
```

其次，将该行中最后一个单元格标签删除。

第四步，使用和第三步相同的方法，实现对第六行至第十行上单元格的合并。

6）分别设置表格中不同行的行高

将第一、三、四行的行高设置为 60 px，第二、五行的行高设置为 40 px，第六、七、九、十
行的行高设置为 100 px，第八行的行高设置为 300 px，将表格标题行的行高设置为 80 px。

第一步，分别定义 5 个类选择符，用于表示 5 种不同的行高，其 CSS 代码如下：

```
.rowHeight60  { height:60px;  }
.rowHeight40  { height:40px;  }
.rowHeight100  { height:100px;  }
.rowHeight300  { height:300px;  }
.captionHeight  { height:80px;  }
```

第二步，分别在所需的行上使用相应的类选择符。

7）设置表格标题行的垂直对齐方式

```
caption { padding-top:40px; }
```

3．最后的 HTML 源代码

任务 3 的 HTML 代码经过布局修改后的源代码如下：

```
<table>
    <caption class="captionHeight">个人简历</caption>
    <tr class="rowHeight60">
        <td class="colHead">姓名</td>
        <td class="colContent"></td>
        <td class="colHead">性别</td>
        <td class="colContent"></td>
        <td class="colHead">出生<br />年月</td>
```

```
        <td class="colContent"></td>
        <td class="colContent" rowspan="4"></td>
    </tr>
    <tr class="rowHeight40">
        <td>民族</td>
        <td></td>
        <td>籍贯</td>
        <td></td>
        <td>户口</td>
        <td></td>
    </tr>
    <tr class="rowHeight60">
        <td>婚姻状况</td>
        <td></td>
        <td>健康状况</td>
        <td></td>
        <td>毕业<br />时间</td>
        <td></td>
    </tr>
    <tr class="rowHeight60">
        <td>毕业院校</td>
        <td></td>
        <td>专业名称</td>
        <td></td>
        <td>学历</td>
        <td></td>
    </tr>
    <tr class="rowHeight40">
        <td>手机</td>
        <td colspan="3"></td>
        <td>Email</td>
        <td colspan="2"></td>
    </tr>
    <tr class="rowHeight100">
        <td>求职意向</td>
        <td colspan="6"></td>
    </tr>
    <tr class="rowHeight100">
        <td>教育背景</td>
        <td colspan="6"></td>
    </tr>
    <tr class="rowHeight300">
        <td>工作经验</td>
        <td colspan="6"></td>
    </tr>
    <tr class="rowHeight100">
        <td>证书名称</td>
        <td colspan="6"></td>
```

```
    </tr>
    <tr class="rowHeight100">
        <td>自我评价</td>
        <td colspan="6"></td>
    </tr>
</table>
```

4. 最后的 CSS 源代码

上面实现了任务 3 中表格显示效果的 CSS 源代码，现将所有的 CSS 源代码汇总如下：

```
<style type="text/css">
    td,caption,table {
        border:1px solid;
    }
    .colHead{
        width:50px;
    }
    .colContent {
        width:100px;
    }
    table{
        border-collapse:collapse;
        font-size:16pt;
        font-weight:bolder;
        text-align:center;
    }
    .rowHeight60{
        height:60px;
    }
    .rowHeight40 {
        height:40px;
    }
    .rowHeight100 {
        height:100px;
    }
    .rowHeight300{
        height:300px;
    }
    .captionHeight {
        height:80px;
    }
    caption {
        padding-top:40px;
    }
</style>
```

练习与提高

1. 使用简单的表格结构和 CSS 技术实现图 3-8 所示的网页表格效果。

2. 使用高级表格结构和 CSS 技术实现图 3-9 所示的网页表格效果。具体要求如下：

#	IMDB Top 10 Movies	Year
1	The Shawshank Redemption	1994
2	The Godfather	1972
3	The Godfather: Part II	1974
4	The Good, the Bad and the Ugly	1966
5	Pulp Fiction	1994
6	12 Angry Men	1957
7	Schindler's List	1993
8	One Flew Over the Cuckoo's Nest	1975
9	The Dark Knight	2008
10	The Lord of the Rings: The Return of the King	2003

图 3-8 习题 1 的网页表格显示效果

（1）网页的实现效果如图 3-9 所示。

（2）实现在表格显示时能够实现隔行变色，即相邻的行使用不同的背景色。

（3）实现当鼠标指针悬停时，能够改变表格中该行的背景色，如图 3-9 中的图书编号为"003"的行所示。

（4）要求表格中所有的文字内容都居中。

图书编号	图书名称	作者	图书价格
001	JavaWeb编程宝典	明日科技	98.00元
002	Struts2深入详解	孙鑫	79.00元
003	Tomcat与JavaWeb技术详解	孙卫琴	79.50元
004	Java编程思想（第四版）	Bruce Eckel	79.50元
005	CSS网站布局实录	李超	39.00元

图 3-9 习题 2 的网页显示效果图

3. 使用 HTML 标签和 CSS 属性制作图 3-10 所示的表格。

指标			本期	占比	同期	同比
总量	件次					
	批次					
A	总数	批次				
		件次				
	一次	批次				
		件次				
	二次	批次				
		件次				
B	件次					
	x件次					
	y件次					

图 3-10 习题 3 的网页显示效果图

项目4 ‖ 表 单 应 用

学习目标：

（1）理解和掌握各种表单标签的用法。

（2）能创建登录、注册等交互网页。

（3）能理解表单的提交和跳转机制。

学习任务：

（1）设计和实现登录表单。

（2）设计和实现注册表单。

（3）设计和实现其他常用表单。

任务 1 创建登录表单

表单是 HTML 支持用户在页面输入信息的方法。表单的用处很多，在网上无处不见，通常是配合 CGI 等网络程序使用，用于搜集不同类型的用户信息。具体是由浏览者填写表单资料，浏览器将表单所填的资料传给 CGI 等网络程序进行处理，再由 Web 服务器将处理结果返回给浏览者。通过任务 1 的学习，将了解和掌握几种常见的表单标签的用法，并构建网页上最常见的交互元素——登录表单。

4.1.1 登录表单的设计与实现

制作图 4-1 所示的邮箱账号登录表单。用户在登录邮箱时,必须分别在不同文本输入框中输入邮箱账号和密码,然后通过单击"登录"按钮,实现邮箱登录；也可以通过单击"去注册"按钮,转到注册页面,实现邮箱的注册功能。具体要求如下：

（1）整个表单居中显示。

（2）邮箱账号和密码行的高度为 30px,宽度自定,适合即可。

（3）"登录"和"去注册"按钮的高度为 40px、宽度为 100px。"登录"按钮的背景色设置为 RGB（0，138，0），当鼠标指针悬停时，背景色显示为 RGB（0，109，0），指针形状变为手形。"去注册"按钮的背

图 4-1 邮箱账号登录表单的显示效果

景色设置为 RGB（221，255，221），当鼠标指针悬停时，指针形状变为手形。

4.1.2 知识学习

1. 表单的基本结构

一个表单通常由 3 个基本组成部分：

（1）表单标签：包含处理表单数据所用 CGI 程序的 URL 以及数据提交到服务器的方法。

（2）表单域：包含文本框、密码框、隐藏域、多行文本框、复选框、单选框、下拉选择框和文档上传框等。

（3）表单按钮：包括提交按钮、复位按钮和一般按钮，用于将数据传送到服务器上的 CGI 脚本或者取消输入，还可以用表单按钮来控制其他定义了处理脚本的处理工作（如通过 JavaScript 脚本程序对表单中的数据进行客户端验证）。

一个简单的具体表单示例如下：

```
<form action="login.aspx" method="post">
    <input name="accountNumber" size="12" maxlength="20" value="邮箱账号" />
    <input name="password" size="12" maxlength="20" value="密码" />
    <input id="login" name="login" type="submit" value="登  录" />
    <input id="register" name="register" type="submit" value="去注册" />
</form>
```

2. 表单项标签

HTML 的表单项标签除了表单标签以外，就是表单元素。常用的表单元素有 input 元素、下拉列表框、多行文本框和按钮等。后面将根据任务的需要逐步学习和介绍。

1）表单标签：<form>标签

<form> 标签用于为用户输入创建 HTML 表单。一个<form> 标签表示一个 HTML 表单，一个 HTML 表单中只能包含一个<form> 标签。表单（即一个<form> 标签）能够包含 input 元素，如文本字段、复选框、单选框、提交按钮等。表单还可以包含 menus、textarea、fieldset、legend 和 label 元素。<form> 标签的 HTML 语法格式为：

```
< form name="loginForm" action="login.aspx" method="post" >
    表单域
</form>
```

其中，包含 3 个常用的属性：

name 属性：定义了表单的名称，便于客户端和服务器端的脚本语言对该表单进行访问。

action 属性：定义了当提交表单时向何处发送表单数据。一般为服务器端对象。

method 属性：定义了用于发送表单数据的 HTTP 方法，可以是 get 方法，也可以是 post 方法。我们只需记住 post 方法允许传送大量信息，而 get 方法只接受低于约 1 KB 的信息。一般而言，申请表单用的是 post 方法，而搜索引擎用的是 get 方法。考虑到数据传送的安全性，最好使用 post 方法。

2）表单项标签：<input>标签

<input> 标签用以设定各种输入信息的方法。<input> 标签的 HTML 语法格式为：

```
<input type=# name=# value=#>
```

由于其第一个参数 Type 有多种选择，而不同的选择表示不同的输入方式，且其他参数也因

Type 参数的选择不同而不同。Type 属性如表 4-1 所示。

表 4-1　Type 属性

属性值	描述	属性值	描述
text	单行文本	password	密码框
radio	单选框	file	文档域
checkBox	复选框	hidden	隐藏域
reset	重置按钮	image	图片域
submit	提交按钮		

其中：

name 属性：定义了<input>元素的名称，便于客户端和服务器端的脚本语言对该<input>元素进行访问。

value 属性：定义了<input>元素的初始设定值。对于不同的输入类型，value 属性的用法也不同。

3）单行文本框标签：type 为 text 的<Input>标签

单行文本框用于输入少量的文字信息。其标记格式如下：

```
<input type="text" name=# size=# maxlength=# value=#>
```

其属性说明如下：

type="text" 指定该 input 元素是一个单行文本框。

name 指定单行文本框的名称，用于 CGI 等网络程序辨别由表单传来的信息。

size 指定单行文本框的宽度。

maxlength 指定单行文本框可输入的最大字符数，即最多可输入几个字符。

value 指定单行文本框的初始值。如果不赋值则文本框是空白的，等待访问者输入内容；如果赋初始值，其初始值将出现在该文本框中，访问者可进行修改。

4）密码框标签：type 为 password 的<Input>标签

密码框用于访问者输入密码，是常见的一种表单项。密码框与文本框相类似，只是所有输入密码框中的文字都会用"*"号代替。其标记格式如下：

```
<input type="password" name=# size=# maxlength=# value=#>
```

其属性说明如下：

type=" password "：指定该 input 元素是一个输入密码框。

其他属性与文本框的属性完全相同，在此不再重复。

5）提交按钮与重置按钮标签：type 为 submit | reset 的<Input>标签

这是表单上最重要的两个按钮。提交按钮用于将表单的内容提交到 CGI 等网络程序，而重置按钮用于将表单内的所有表单项恢复为初始状态。其标记格式如下：

```
<input type="submit|reset" name=# value=# >
```

其属性说明如下：

type="submit|reset"：submit 指定该表单项为提交按钮，而 reset 指定该表单项为重置按钮。

name：指定 submit 按钮或 reset 按钮的名称，须和 CGI 配合使用。

value：指定显示在按钮上的文字，而不是传送给 CGI 程序使用的，也可以不用。在简体中文系统下提交按钮的默认值为"提交查询内容"，重置按钮的默认值为"重置"。

4.1.3 实践操作

1. 登录表单实现的基本代码

任务 1 的 HTML 代码如下：

```html
<form name="login_Form" action="" method="post">
    <table>
        <tr>
            <td colspan="3" >邮箱账号登录</td>
        </tr>
        <tr>
            <td><img src="小人图标.jpg" alt="" /></td>
             <td><input name="accountNumber" size="12" maxlength="20" value="邮箱账号或手机号" /></td>
            <td id="email">@126.com</td>
        </tr>
        <tr>
            <td><img src="小锁图标.jpg" alt="" /></td>
            <td><input  name="password" size="12" maxlength="20" value="密码" /></td>
            <td></td>
        </tr>
        <tr>
            <td colspan="3">
                <input id="login" name="login" type="submit" value="登  录" />
                <input id="register" name="register" type="submit" value="去注册" />
            </td>
        </tr>
    </table>
</form>
```

其运行结果如图 4-2 所示。

图 4-2　任务 1 的 HTML 代码的显示结果

2．登录表单的显示效果

下面将使用 CSS 技术逐步实现该登录表单的显示效果。

1）取消文本输入框的边框

分别取消"邮箱账号"和"密码"两个文本输入框的边框，使它们不显示边框。

首先，在 CSS 中定义类选择符.inputBorder，代码如下：

```
.inputBorder { border:none; }
```

然后，对表单中的"邮箱账号"和"密码"两个文本输入框设置类选择符为.inputBorder，代码如下：

```
<input  class="inputBorder"  name="accountNumber"  size="12"  maxlength="20"
value="邮箱账号或手机号" />
<input class="inputBorder" name="password" size="12" maxlength="20" value="
密码" />
```

2）给两个文本输入框所在的行添加边框

首先，在 CSS 中定义类选择符.trBorder，代码如下：

```
.trBorder {
        display:block;              //定义 tr 对象为块状显示模式
        border:1px solid;           //定义 tr 对象的边框
        margin:20px;                //定义 tr 对象的外边距
}
```

然后，对表单中的"邮箱账号"和"密码"两个文本输入框所在的表格的行设置类选择符为.trBorder，代码如下：

```
<tr class="trBorder">
```

需要注意的是如果单独定义 tr 对象的边框效果是不起作用的，必须先将 tr 对象的显示模式定义为块状显示模式。

3）实现表单居中显示

```
table {
        border-collapse:collapse;
        margin:0 auto;
}
```

4）实现标题行和按钮行内容居中显示

首先，在 CSS 中定义类选择符.tdAlign，代码如下：

```
.tdAlign { text-align:center; }
```

然后，对表单中的标题行和按钮行设置类选择符为.tdAlign，代码如下：

```
<tr class="tdAlign">
```

5）设置输入文本框的高度、宽度和文字颜色

将表单中的"邮箱账号"和"密码"两个文本输入框的高度设置为 30px，宽度设置为 130px，文字颜色设置为灰色。

在 CSS 中的类选择符.inputBorder 中添加如下的属性定义：

```
.inputBorder {
        color:Gray;
        width:130px;
        height:30px;
```

}

6）设置文本输入框的边框轮廓显示效果

正常情况下，尽管已经取消了文本输入框的边框显示，使其显示为无边框，但是，当用户选中了文本输入框后，仍然会有边框的轮廓显示，如图 4-3 所示。

图 4-3　显示有边框轮廓的文本输入框

如果要取消用户选中文本输入框时的边框轮廓显示，必须使用伪类:focus，该伪类设置的是当一个对象取得焦点时的显示样式。具体的 CSS 代码如下：

```
.inputBorder:focus { outline:none; }
```

7）设置 id 为"email"的单元格的宽度

设置 id 为"email"的单元格的宽度为 70px。

```
#email { width:70px; }
```

8）设置表单中两个按钮的高度和宽度

设置表单中的"登录"按钮和"去注册"按钮的高度为 40px，宽度为 100px。

```
#login,#register {
    width:100px;
    height:40px;
}
```

9）设置"登录"按钮的背景色和右边留白

根据任务的要求设置"登录"按钮的背景色为 RGB（0，138，0），右边留白为 20px，以增加两个按钮之间的距离。

```
#login {
    margin-right:20px;
    background-color:#008A00;
}
```

10）设置"去注册"按钮的背景色

根据任务的要求设置"去注册"按钮的背景色为 RGB（221，255，221）。

```
#register { background-color:#DDFFDD; }
```

11）设置"登录"按钮的鼠标指针悬停效果

根据任务的要求设置"登录"按钮的鼠标指针悬停效果为背景色显示为 RGB（0，109，0），指针形状变为手形。

```
#login:hover {
    background-color:#006D00;
    cursor:pointer;
}
```

12）设置"去注册"按钮的鼠标指针悬停效果

根据任务的要求设置"去注册"按钮的鼠标指针悬停指针形状变为手形。

```
#register:hover { cursor:pointer; }
```

最后设置按钮动作。例如，单击 submit 按钮后跳转到网易首页。提交按钮的动作是由表单的 action 属性指定的，只要设置 action=https://www.163.com 即可。而 button 按钮上的动作需要用脚本指定，比如在这个例子中，可以在"注册"按钮上添加 onclick 单击事件，指定单击按钮后将当前页面的网址替换为注册页的网址 registe.html。

3. 设置登录表单显示效果的 CSS 源代码

上面实现了任务 1 中的登录表单显示效果的 CSS 源代码，现将所有的 CSS 源代码汇总如下：

```
<style type="text/css">
    .inputBorder {
        border:none;
        color:Gray;
        width:130px;
        height:30px;
    }
    .trBorder {
        display:block;
        border:1px solid;
        margin:20px;
    }
    table {
        border-collapse:collapse;
        margin:0px auto;
    }
    .tdAlign {
        text-align:center;
    }
    .inputBorder:focus {
        outline:none;
    }
    #email {
        width:70px;
    }
    #login,#register {
        width:100px;
        height:40px;
    }
    #login {
        margin-right:20px;
        background-color:#008A00;
    }
    #register {
```

```
        background-color:#DDFFDD;
    }
    #login:hover {
        background-color:#006D00;
        cursor:pointer;
    }
    #register:hover {
        cursor:pointer;
    }
</style>
```

任务 2　创建注册表单

4.2.1　注册表单的设计与实现

制作如图 4-4 所示的用户注册表单。用户在注册时，必须分别输入用户名、用户密码和确认密码，可以分别选择性别、爱好、毕业时间，填写自我介绍，然后通过单击"注册"按钮，实现用户注册功能；也可以通过单击"取消"按钮，使注册表单内的数据恢复到初始状态。具体要求如下：

（1）整个表单居中显示。

（2）每个表单项的标题右对齐，而表单项左对齐。

（3）表单中的文字设置为 12px，表单标题文字设置为 24px、加粗。

（4）表单有外边框。

（5）按钮所在行设置绿色背景。

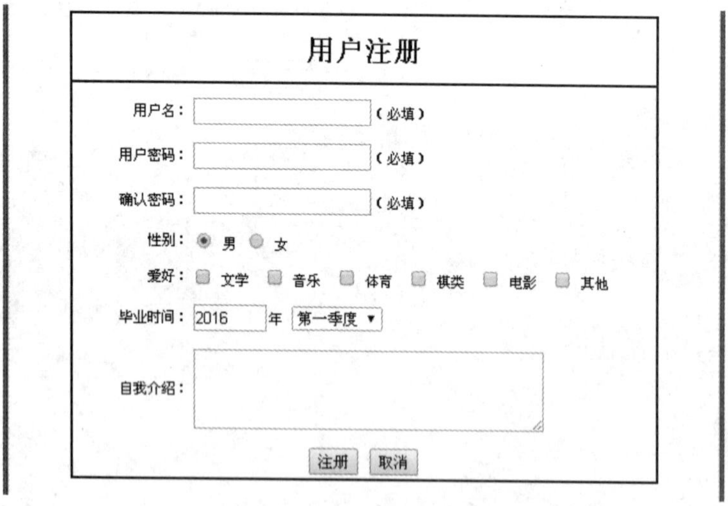

图 4-4　用户注册表单的显示效果

4.2.2　知识学习

1. 单选框标签：type 为 radio 的<input>标签

单选框用于提供用户一组只可选择一项的类似于单选题的表单项。其标记格式如下：

```
<input type="radio" name=# value=# checked=" checked ">
```

其属性说明如下：

type="radio"：指定该 input 元素是一个单选框。

name：指定单选框的名称，名称相同的单选框为同一组的单选框。

value：单选框的内部值，该值就是被浏览器实际传送的值。每一个单选框必须且仅有一个 value 值。

checked：如果设定该属性则单选框为默认选定。name 相同的各个 radio 中至多只能有一个使用该参数，也可以全部不使用此参数。

以下是一个单选框使用的示例：

```
<form action="action_page.aspx">
<input type="radio" name="sex" value="male" id="male" checked=" checked " />Male
<br>
<input type="radio" name="sex" value="female" id="female" />Female
<br><br>
<input type="submit" />
</form>
```

2．<label>标签

<label> 标签能为 input 元素定义标注（标记）。其标记格式如下：

```
< label for=# >标注文字</label>
```

label 元素不会向用户呈现任何特殊效果。但是，它能为用户改进鼠标的可用性。如果在 label 元素内单击文本，就会触发此控件。就是说，当用户选择该标签时，浏览器就会自动将焦点转到和标签相关联的表单控件上。

以下是一个<label>标签使用的示例：

```
<form action="action_page.aspx">
<input type="radio" name="sex" value="male" id="male" checked=" checked " />
<label for="male">Male</label>
<br>
<input type="radio" name="sex" value="female" id="female" />
<label for="female">Female</label>
<br><br>
<input type="submit" />
</form>
```

如果不使用<label>标签，只有当用户用鼠标单击单选框时，该单选框才能被选中；而如果当用户用鼠标单击单选框右边的文字（如"Male"）时，该单选框并不能被选中。如果使用了<label>标签，并使之与相应的单选框（如 id="male"的单选框）实现关联，那么这时无论用户用鼠标单击单选框还是用鼠标单击单选框右边的文字，该单选框都将被选中。这就是使用<label>标签的好处。

需要注意的是，<label> 标签的 for 属性应当与相关联的元素的 id 属性相同。

3．复选框标签：type 为 checkBox 的<input>标签

复选框用于提供用户一组可选择多项的类似于多选题的表单项。其标记格式如下：

```
<input type="checkbox" name=# value=# checked=" checked ">
```

其属性说明如下：

type="checkbox"：指定该 input 元素是一个复选框。

name：指定复选框的名称，名称相同的复选框为同一组复选框。

value：多选框的内部值，该值就是被浏览器实际传送的值。每一个复选框必须且仅有一个 value 值。

checked：如果设定该属性则复选框为默认选定。name 相同的各个复选框中可以有一个或多个使用该参数，也可以全部不使用此参数。

以下是一个复选框使用的示例：

```
<form action="action_page.aspx">
    你喜欢以下哪些明星:<br>
    <input type="checkbox" name="idol" value="Andy" id="Andy" />
        <label for="Andy">刘德华</label>
    <input type="checkbox" name="idol" value="Noriko_Sagai" id="Noriko_Sagai"
checked="checked" />
        <label for="Noriko_Sagai">酒井法子</label>
    <input type="checkbox" name="idol" value="Leon" id="Leon" />
        <label for="Leon">郑秀文</label><br />
    <input type="submit" />
</form>
```

4. 下拉列表框标签：<select>标签

select 元素用于创建一个单选或多选的列表框，其标记格式如下：

```
<select>
    …
    <option></option>
    …
</select>
```

列表框中的每一个选项则由 option 元素来表示。一个 select 元素必须至少包含一个 option 元素。

下面分别介绍 select 元素和 option 元素及其各自的属性。

1）select 元素

标记格式：

```
<select name=# size=# multiple=" multiple"> </select>
```

属性说明如下：

name：指定列表框的名称，以供 CGI 等网络程序识别。

size：指定列表框显示列表条目的数目，如果指定了该参数，则该 select 元素是一个列表框，否则是一个下拉列表框。

multiple：指定列表框可复选。如果指定了该参数，则表示该列表框可选择多项，否则只可以选择一项。

需要注意的是，可以把 multiple 属性与 size 属性配合使用，来定义可选项的数目。同时，考虑到用户使用的友好性，建议在实现多选项菜单时，尽量使用复选框，而不是使用多项选择的列表框。

2）option 元素

标记格式：

```
<option value=# selected=" selected"> </option>
```

属性说明如下：

value：该列表项的值，即被选择的项目所传送的值。每一个列表项都应该有一个 value 值，其值会被浏览器送往服务器处理。

selected：指定为预选值，即默认该列表项为选定。

需要注意的是，option 元素必须与 select 元素配合使用，否则这个标签是没有意义的。

3）制作下拉菜单的示例

下面是一个下拉菜单（或称下拉列表框）的示例，可以收集用户的出生日期：

```html
<form action="action_page.aspx" method="post">
    <p>您的出生日期:<BR>
    <input type="text" name="year" size=4 maxlength=10 value="19" />年
    <select name="month">
        <option value="1">january</option>
        <option value="2">february</option>
        <option value="3">march</option>
        <option value="4">april </option>
        <option value="5">may</option>
        <option value="6">june</option>
        <option value="7">july</option>
        <option value="8">auguest</option>
        <option value="9">september</option>
        <option value="10">october</option>
        <option value="11">november</option>
        <option value="12">december</option>
    </select>月
    <input type="text" name="date" size=2 maxlength=10 value="01" />日
    </p>
</form>
```

4）<optgroup> 标签

根据网络应用的需要，可以通过使用<optgroup> 标签实现对相关选项的组合，以增加用户的体验。换言之，就是可以通过<optgroup> 标签实现对<option>选项的分组呈现。尤其是当使用一个长的选项列表时，对相关的选项进行组合会使服务器端的处理更加容易。

<optgroup> 标签的格式为：

```html
<optgroup label=# disabled=" disabled"></optgroup>
```

属性说明如下：

label：用于指定选项组的标注文字。

disabled：指定为预选值，表示禁用该选项组。

下面是一个使用<optgroup> 标签的示例：

```html
<form action="action_page.aspx" method="post">
    <p>您的出生日期:<BR>
    <input type="text" name="year" size=4 maxlength=10 value="19" />年
    <select name="month">
      <optgroup label="第一季度">
        <option value="1">january</option>
        <option value="2">february</option>
        <option value="3">march</option>
```

```
      </optgroup>

      <optgroup label="第二季度">
       <option value="4">april</option>
       <option value="5">may</option>
       <option value="6">june</option>
      </optgroup>

      <optgroup label="第三季度">
       <option value="7">july</option>
       <option value="8">auguest</option>
       <option value="9">september</option>
      </optgroup>

      <optgroup label="第四季度">
       <option value="10">october</option>
       <option value="11">november</option>
       <option value="12">december</option>
      </optgroup>
      </select>月
      <input type="text" name="date" size=2 maxlength=10 value="01" />日
      </p>
</form>
```

5）制作列表框的示例

下面是一个列表框的示例，可以收集用户的相关信息：

```
<form action="action_page.aspx" method="post">
    列表框：<br>
    您的出生地是：
    <select name="birthwhere" size="2">
       <option value="beijing">北京市</option>
       <option value="shanghai">上海市</option>
       <option value="shenzhen">深圳市</option>
       <option value="nanjing">南京市</option>
       <option value="suzhou">苏州市</option>
    </select> <br>
    多项选择列表框：<br>
    您曾经工作过的城市为：
    <select name="workwhere" size="3" multiple="multiple">
       <option value="beijing">北京市</option>
       <option value="shanghai">上海市</option>
       <option value="shenzhen">深圳市</option>
       <option value="nanjing">南京市</option>
       <option value="suzhou">苏州市</option>
    </select> <br>
</form>
```

5. 多行文本框标签：<textarea>标签

<textarea>元素用于创建一个可以多行输入的文本框，常用于留言板、BBS 等输入大量文字内容的情况。其标记格式为：

```
<textarea name=# cols=# rows=# wrap="off|physical|virtual"></textarea>
```

属性说明如下：

name：指定多行文本框的名称，以供 CGI 等网络程序识别。

cols：指定多行文本框的宽度，即每一行的字符数。

rows：指定多行文本框的高度，即显示文本的行数。

wrap：指定多行文本框的换行方式。可选值为 wrap、physical 和 virtual。其中，wrap 表示不保存换行信息。physical 表示强迫浏览器在传送信息到 CGI（Web 服务器端）时，必须将多行文本框中的文字一行一行送出。virtual 表示送出连续成串的字（除非使用者按 Enter 键）。

4.2.3　实践操作

1. 注册表单实现的基本代码

在网页中添加<form>标签，并将这个表单命名为 registerForm。

输入表单标题"用户注册"。添加单行文本框 username 用来表示用户名；添加密码框 password，用于输入密码；添加密码框 confirmpassword，用于输入确认密码；添加两个单选按钮 gender 用于性别输入；添加 6 个复选框 hobby 用于选择爱好；毕业时间由两个部分组成，毕业年份是单行文本框输入，毕业季度值用下拉列表框提供选择；自我介绍文本会比较长，所以需要用文本域控件来表示。

最后是注册和取消，分别用 submit 按钮和 reset 按钮表示。

登录表单用表格进行布局，注册表单的布局用段落标签来实现，只要将每一行元素添加到<p>标签中，就能实现换行。

本任务的 HTML 代码如下：

```
<form id="registerForm"  method="post" name="registerForm" action="">
    <h2>用户注册</h2>
    <p>
        <label for="username">用户名: </label>
        <input name="username" type="text" id="username" value="" size="20"/>
（必填）
    </p>
    <p>
        <label for="password">用户密码: </label>
        <input name="password" type="password" id="password" size="20" maxlength=
"20"/>（必填）
    </p>
    <p>
    <label for=" confirmpassword ">确认密码: </label>
    <input  name="confirmpassword"  type="password"  id="confirmpassword"
size="20" maxlength="20"/>（必填）
    </p>
    <p>
    <label for="gender">性别: </label>
    <input  name=" gender "  id="male"  type="radio"  value="1"  checked=
"checked"/>男
        <input type="radio" name=" gender " id="female" value="0"/>女
    </p>
```

```
   <p>
      <label for="hobby">爱好: </label>
        <input name="hobby" type="checkbox" id="hobby" value="1"/> 文学
         <input name="hobby" type="checkbox" value="2"/>音乐
         <input name="hobby" type="checkbox" value="3"/> 体育
         <input name="qilei" type="checkbox" value="4"/>棋类
         <input name="dianying" type="checkbox" value="5"/>电影
         <input name="qita" type="checkbox" value="6"/>其他
   </p>
   <p>
      <label for=" graduate_year ">毕业时间: </label>
      <input name="graduate_year" type="text" id="graduate_year" size="5"
value="2016" />年
      <select name="graduate_season" id="graduate_season" >
         <option value="1">第一季度</option>
         <option value="2">第二季度</option>
         <option value="3">第三季度</option>
         <option value="4">第四季度</option>
      </select>
   </p>
   <p>
      <label for="self_introduc">自我介绍: </label>
      <textarea id="self_introduce" name="self_introduce" rows="4" cols="40"
></textarea>
   </p>
   <p>
         <input name="Submit" type="submit"  value="注册" />
         <input name="cancel" type="reset" id="cancel" value="取消"/>
   </p>
</form>
```

其运行结果如图 4-5 所示。

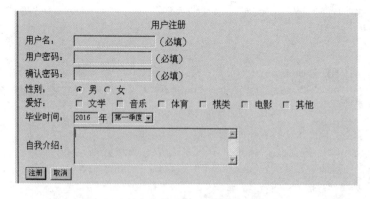

图 4-5　任务 2 的 HTML 代码的显示结果

2. 设置注册表单的显示效果

下面将使用 CSS 技术逐步实现该注册表单的显示效果。

1）实现表单居中显示

定义表单的宽度为 500px，并实现表单居中显示，其 CSS 代码如下：

```
form {
    border-collapse:collapse; width:500px;
    margin:0px auto;
}
```

2）实现表单项的对齐方式

根据学习任务的要求，每个表单项的标题右对齐，而表单项左对齐。由于每个表单项的标题都置于<label>标签中，可以设置所有 label 的宽度，并将它们设置为右对齐。因为 label 是行级元素，本身设置宽度是不起作用的，如果要使其显示在行内，又有一定的宽度，必须先将它的 display 设置为 inline-block。

```
label {
    display:inline-block;
    width:150px;
    text-align:right;
}
```

3）设置表单中的文字样式

根据任务的要求，表单中的文字设置为 12px，表单标题文字设置为 24px、加粗。

首先，设置表单中的所有文字大小为 12px。由于表单中的文字都在<form>标签及其子标签中，因此，设置表单中的所有文字的大小实际上就是设置<form>标签和其子标签中文字的大小。其 CSS 代码如下：

```
form { font-size: 12px; }
```

其次，设置整个表单标题文字为大小 24px、加粗、居中，其 CSS 代码如下：

```
h2 {
    font-size: 24px;
    font-weight: bold;
    text-align:center;
}
```

4）设置表单的外边框

根据任务的要求，需要设置除表单标题（<h2>标签）外其他表单元素的边框。我们可以通过设置 form 元素的边框来实现，并为<h2>设置下边框。其 CSS 代码如下：

```
from{ border:2px solid #000000; }
h2{border-bottom:2px solid #000000;}
```

5）设置表单元素的行高

可以直接设置段落的行高为 30px：

```
p { height:30px; }
```

设置表单的标题行的行高为 40px，文字垂直居中，其 CSS 代码如下：

```
h2 {
    height:40px;
    line-height:40px;
}
```

6）设置表单中按钮的居中显示

首先，在 CSS 中定义类选择符.button_align，如下所示：

```
.button_align { text-align:center; }
```

然后，对表单中按钮所在的段落设置类选择符为.button_align，如下所示：

```
<p class="button_align">
    <input id="submit" name="submit" type="submit"  value="注册" />
    <input id="cancel" name="cancel" type="reset"  value="取消"/>
</p>
```

7）设置按钮所在行的背景颜色和高度

```
.button_align{
        line-height:32px;
        background-color:green;
}
```

3. 设置注册表单显示效果的 CSS 源代码

上面实现了任务 2 中的注册表单显示效果的 CSS 源代码，现将所有的 CSS 源代码汇总如下：

```
<style type="text/css">
    form{
        width:500px;
        margin:0 auto;
        font-size:12px;
    border:2px solid #000000;
    }
    h2{
        font-size:24px;
        font-weight:bold;
        line-height:40px;
        text-align:center;
    border-buttom:2px solid #000000;
    }
    label{
        width:150px;
        height:40px;
        display:inline-block;
        text-align:right;
    }
    p{line-height:30px;}
    .button_align{
        text-align:center;
        line-height:32px;
        background-color:green;
    }
</style>
```

任务 3　创建其他常用表单

除了登录和注册表单，网页中还有各种用于交互的表单，常用于调查问卷、信息收集、网页留言等。任务 3 将介绍<fieldset>和<legend>标签的使用和表单布局的另一种方法。

4.3.1　消费调查表单的设计与实现

制作图 4-6 所示的大学生消费调查表单。要求将调查数据分成必填和选填两组，所有标签右对齐。

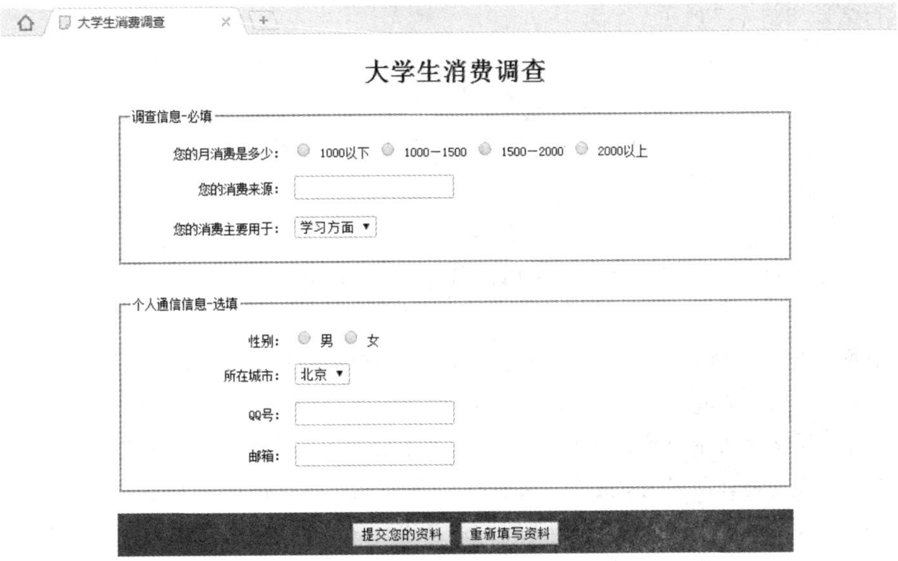

图 4-6 大学生消费调查表单的显示效果

4.3.2 知识学习

1. <fieldset>标签

<fieldset>元素可用于将表单内的相关元素进行分组。当一组表单元素放到 <fieldset> 标签内时，浏览器会以特殊方式来显示它们，它们可能有特殊的边界、3D 效果，或者甚至可创建一个子表单来处理这些元素。<fieldset>标签没有必需的或唯一的属性。

一个表单可以有多个<fieldset>，每对<fieldset>为一组，每组的内容描述可以使用<legend>标签来说明。

<fieldset>标签的语法格式为：

```
<fieldset>
  …
</fieldset>
```

<fieldset>元素除了可用于对表单元素进行分组外，也可用于其他数据的显示，实现在数据周围绘制一个带标题的框的显示效果。

2. <legend>标签

<legend>标签专门为 fieldset 元素定义标题（caption）。其语法格式为：

```
<legend> …   </legend>
```

下面是一个使用<fieldset>标签的示例：

```
<form>
 <fieldset>
   <legend>健康信息</legend>
   身高: <input type="text" />
   体重: <input type="text" />
 </fieldset>
</form>
```

其运行结果如图 4-7 所示。

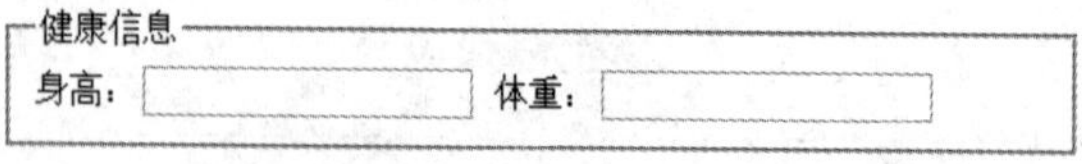

健康信息
身高：   体重：

图 4-7   <fieldset>标签使用效果图

4.3.3 实践操作

在网页中添加<form>标签,并将这个表单命名为"investigate_Form"。输入表单标题"大学生消费调查"。

为了方便换行，在网页中添加若干个段落标签，表单中的每一行都加到<p>标签内。

添加 4 个单选按钮 month_consume 用于统计用户的月消费信息；添加单行文本框 consume_source 用来输入用户消费来源；"您的消费主要用于"下拉列表提供选择，这里设定了一个 select 下拉列表，将其命名为 consume_using；再添加两个单选按钮 gender 用于统计性别；所在城市用下拉列表 city 提供选择，QQ 号和邮箱都用文本框来表示，分别命名为"qqcode"和"email"。

最后是 submit 按钮，用于提交资料；重置按钮，用于重新填写资料。为方便布局，把这两个按钮放进一个 id 为 buttonDiv 的容器中。

根据效果图，表单中的所有控件被分成"消费信息-必填"和"个人信息-选填"两个组，根据刚才介绍的表单分组知识，我们需要在表单中添加两对<fieldset>标签，并通过 legend 标签设置每个分组的标题。

1. 表单实现的基本代码

任务 3 的 HTML 代码如下：

```
<!DOCTYPE HTML>
<html>
<head>
<meta http-equiv="Content-Type" content="text/html; charset=gb2312"/>
<title>大学生消费调查</title>
</head>
<body>
<form id="consumeInvestigateForm" method="post" name="consumeInvestigateForm"
action="action_page.aspx">
    <h2>和学生消费调查</h2>
        <fieldset id="fieldset1">
            <legend id="investigate">调查信息-必填</legend>
        <p>
            <span>您的月消费是多少: </span>
            <input name="month_consume" type="radio" value="1000"/>
            <label for="1000">1000 以下</label>
            <input name="month_consume" type="radio" value="1500" />
            <label for="1500">1000-1500</label>
            <input name="month_consume" type="radio" value="2000" />
            <label for="2000">1500-2000</label>
            <input name="month_consume" type="radio" value="3000" />
            <label for="3000">2000 以上</label>
```

```
        </p>
        <p>
            <span>您的消费来源: </span>
            <input name="consume_source" type="text" size="20" maxlength="120"
id="consume_source" />
        </p>
        <p>
            <span>您的消费主要用于: </span>
            <select name="consume_using" id="consume_using">
                <option value="learn">学习方面</option>
                <option value="shenghou">生活方面</option>
                <option value="yule">娱乐方面</option>
                <option value="other">其他方面</option>
            </select>
        </p>
        </fieldset>
        <fieldset id="fieldset2">
            <legend id="person">个人通信信息-选填</legend>
        <p>
            <span>性别: </span>
            <input name=sex" type="radio" value="male" id="male" />
            <label for="male">男</label>
            <input name="sex" type="radio" value="female" id="female" />
            <label for="female">女</label>
        </p>
        <p>
            <span>所在城市: </span>
            <select name="city" id="city">
                <option value="beijing">北京</option>
                <option value="shanghai">上海</option>
                <option value="nanjing">南京</option>
                <option value="guangzhou">广州</option>
            </select>
        </p>
        <p>
            <span>QQ 号: </span>
          <input name="qqcode" type="text" size="20" maxlength="20" id="qqcode"
/>
        </p>
        <p>
            <span>邮箱: </span>
            <input name="email" type="text" size="20" maxlength="60" id="email"
/>
        </p>
        </fieldset>
    <div id="buttonDiv">
        <input name="submit" id="submit" type="button" value="提交您的资料" />
        <input name="cancel" id="cancel" type="button" value="重新填写资料" />
```

```
        </div>
    </form>
    </body>
    </html>
```

其运行结果如图 4-8 所示。

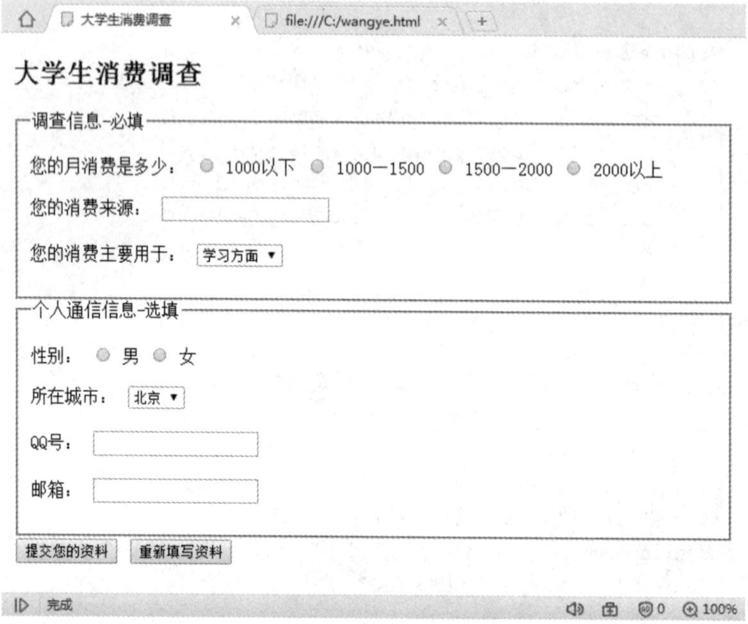

图 4-8　任务 3 的 HTML 代码的显示结果

在登录表单的案例中，我们用表格对表单控件进行布局，通过对单元格设置右对齐或左对齐来调整控件位置；在创建注册表单时，我们用 label 标签来组织标签文本，统一设置格式；这里考虑再换一种方法来设置标签右对齐，可以将所有的标签文字包裹到<span>内，稍后会通过设置这些 span 的样式来控制标签格式。

2. 设置表单的显示效果

下面将使用 CSS 技术逐步实现该调查表单的显示效果。

1）设置表单基本样式

根据任务的要求，设置表单的显示宽度为 650px，水平居中；将表单中文字的大小设置为 12px。其 CSS 代码如下：

```
form{
        width:650px;
        margin:0 auto;
        font-size:12px;
}
```

2）设置表单中表单项标题列的宽度和对齐方式

将表单中表单项标题列的宽度设置为 150px，对齐方式为右对齐，其 CSS 代码如下：

```
span{
        display:inline-block;
```

```
        width:150px;
        text-align:right;
}
```

3）设置表单中两个分组之间的间距

将表单中两个分组之间的间距设置为 30px，其 CSS 代码如下：

```
#fieldset2 { margin-top:30px; }
```

4）设置按钮所在的<div>标签的样式

将按钮所在的<div>标签的高度设置为 40px，水平方向为居中对齐方式，顶部外边距为 20px，背景色为绿色，其 CSS 代码如下：

```
#buttonDiv{
    height:40px;
    text-align:center;
    margin-top:20px;
    background-color:green;
}
```

5）设置两个按钮垂直居中显示

设置两个按钮垂直居中显示，可以通过设置这两个按钮的顶部外边距实现，其 CSS 代码如下：

```
#buttonDiv input  {  margin-top:10px;  }
```

3．设置表单显示效果的 CSS 源代码

上面实现了任务 3 中的大学生消费调查表单显示效果的 CSS 源代码，现将所有的 CSS 源代码汇总如下：

```
<style type="text/css">
    form{
        width:650px;
        margin:0 auto;
        font-size:12px;
    }
    span{
        display:inline-block;
        width:150px;
        text-align:right;
    }
    #fieldset2{  margin-top:30px;  }
    #buttonDiv{
        height:40px;
        text-align:center;
        margin-top:20px;
        background-color:Green;
    }
    #buttonDiv inptt {  margin-top:10px;  }
</style>
```

练习与提高

1．试设计和实现图 4-9 所示的邮箱登录界面。

图 4-9　习题 1 的邮箱登录界面

图 4-10 所示的"邮局"下拉列表框中的内容可供设计和实现时参考。

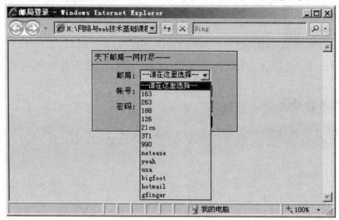

图 4-10　"邮局"下拉列表框中的内容

2. 试设计和实现图 4-11 所示的邮箱登录界面。

图 4-11　习题 2 邮箱登录界面

3. 试设计和实现图 4-12 所示的用户注册界面。

图 4-12　126 邮箱的用户注册界面

项目 5 | 创建网页导航功能

学习目标：

（1）深入理解盒模型的概念。

（2）能利用浮动对页面元素进行定位。

（3）能创建几种简明而实用的导航菜单。

学习任务：

（1）设计与实现纵向导航菜单。

（2）设计与实现横向导航菜单。

（3）设计与实现下拉式导航菜单。

任务 1　创建纵向导航菜单

导航栏是指位于页眉横幅图片上边或下边，或者页面侧边的一排水平导航按钮，它起链接站点或者软件内的各个页面的作用。导航栏有些是垂直的，有些是水平的。不管是从用户体验度上考虑还是从搜索引擎优化的角度考虑，网站的主导航都是网站中必不可少的部分。任务 1 将通过介绍纵向导航菜单的设计与实现，介绍一般导航菜单的 HTML 结构和美化处理方法。

5.1.1　纵向导航菜单的设计与实现

设计并实现图 5-1 所示的纵向导航菜单。

5.1.2　知识学习

导航菜单的主要功能是在站点或各个页面间进行链接跳转。在创建导航菜单之前，先学习网页中的各种超链接。

1. 使用<a>标签链接到另一个页面

使用<a>标签可实现超链接，它在网页制作中可以说是无处不在，只要有超链接的地方，就会有这个标签。

语法：

`<a href="目标网址" title="鼠标滑过显示的文本">链接显示的文本</a>`

例如：

`<a href="http://www.baidu.com" title="点击进入百度">click here!</a>`

图 5-1　纵向导航菜单

上面代码的作用是单击 click here!文字，网页链接到百度首页。

title 属性的作用是使鼠标滑过链接文字时会显示这个属性的文本内容。这个属性在实际网页开发中的作用很大，主要方便搜索引擎了解链接地址的内容。

只要为文本加入<a>标签，文字的颜色就会自动变为蓝色。也可以通过 CSS 改变超链接文本的颜色（如 a{color:#000}）。

试一试

为 HTML 文档中的"莱昂纳多·迪卡普里奥"添加超链接，链接到的目标网址为 http://www.1905.com/mdb/star/2042/，并将链接文本改为加粗、黑色。

```
<!DOCTYPE HTML>
<html>
<head>
<meta charset="utf-8">
<title>超链接练习</title>
</head>
<body>
    <p>托比·马奎尔与索尼合作科幻片《伊甸园计划》（The Eden Project），不过这位老牌帅
哥并不会担任主演，而是担任本片的制片人。</p>
    <p>几乎是同一时间，有消息称莱昂纳多·迪卡普里奥将监制《美国灰狼》（American Wolf）。
看来这对好基友不约而同地决定要从事制片了。索尼方面对《伊甸园计划》的剧情不做丝毫透露，
只知道影片的主角是两个女孩，剧本将由克里斯蒂娜·侯森执笔，并会拍成三部曲的形式。</p>
</body>
</html>
```

2．在新建浏览器窗口中打开超链接

<a>标签在默认情况下，链接的网页是在当前浏览器窗口中打开，有时也需要在新的浏览器窗口中打开。此时就需要设置 target 属性。如下代码所示：

```
<a href="目标网址" target="_blank">click here!</a>
```

3．使用 mailto 在网页中链接 Email 地址

<a>标签还有一个作用是可以链接 Email 地址，使用 mailto 能让访问者便捷地向网站管理者发送电子邮件。还可以利用 mailto 做许多其他事情，如表 5-1 所示。

表 5-1　mailto 的功能

功　　能	关 键 字	举　　　　　　例
邮箱地址	mailto:	<a href="mailto:aa@sohu.com">发送</a>
抄送地址	cc=	<a href="mailto:aa@sohu.com?cc=bb@qq.com">发送</a>
密件抄送地址	bcc=	<a href="mailto:aa@sohu.com?bcc=bb@qq.com">发送</a>
多个收件人	;	<a href="mailto:aa@sohu.com;bb@qq.com">发送</a>
邮件主题	subject=	<a href="mailto:aa@sohu.com?subject=放假通知">发送</a>
邮件内容	body=	<a href="mailto:aa@sohu.com?body=元旦放假三天">发送</a>

注意：如果 mailto 后面同时有多个参数，第一个参数必须以"?"开头，后面的参数每一个

都以"&"分隔。

下面是一个完整的实例：

```
<a href="mailto:yy@imooc.com?cc=xiaoming@imooc.com&bcc=xiaoyu@imooc.com&subject=
主题&body=邮件内容">发送</a>
```

在浏览器中显示的结果：

发送

点击链接会打开电子邮件应用，并自动填写收件人等设置好的信息，如图 5-2 所示。

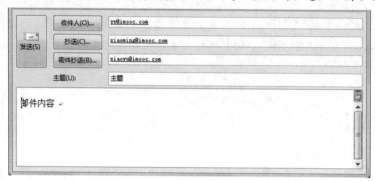

图 5-2　mailto 链接邮件应用示意图

试一试

为 HTML 网页中的"对此影评有何感想，发送邮件给我"添加超链接，使其单击后可以自动发送邮件，具体要求：

（1）发送人邮箱地址：yy@sohu.com。

（2）邮件主题：观《了不起的盖茨比》有感。

（3）邮件内容：戏里戏外都精彩。

```
<!DOCTYPE HTML>
<html>
<head>
    <meta charset="gb2312" />
    <title>mailto</title>
</head>
<body>
    <p>1922 年的春天，一个想要成名名叫卡拉威（马奎尔 Tobey Maguire 饰）的作家，离开
了美国中西部，来到了纽约。那是一个道德感渐失、爵士乐流行、走私为王、股票飞涨的时代。为
了追寻他的美国梦，他搬入纽约附近一海湾居住。</p>
    <p>菲茨杰拉德，20 世纪美国文学巨擘之一，兼具作家和编剧双重身份。他以诗人的敏感和戏
剧家的想象为"爵士乐时代"吟唱华丽挽歌，其诗人和梦想家的气质亦为那个奢靡年代的不二注解。
</p>
对此影评有何感想，发送邮件给我。
</body>
</html>
```

5.1.3　操作实践

几乎所有的网页中，都会用到导航菜单。导航菜单作为网页的基本元素，是必不可少的。这些菜单的形式各不相同，有些是横向菜单，有些是纵向菜单，还有一些带二级菜单的菜单，如图 5-3 所示。

图 5-3　网页中的各种导航菜单

1．构建无序列表

导航菜单相当于书籍的目录，是顺序排列的一个列表，在 HTML 中，一般采用列表标签来组织导航菜单的内容。

先在编辑工具中构建以下无序列表：

```
<ul id="menu">
    <li><a href="#">首页</a></li>
    <li><a href="#">学院概况</a></li>
    <li><a href="#">机构设置</a></li>
    <li><a href="#">教学科研</a></li>
    <li><a href="#">招生就业</a></li>
    <li><a href="#">继续教育</a></li>
    <li><a href="#">信息公开</a></li>
    <li><a href="#">人才招聘</a></li>
</ul>
```

导航菜单中的每一个菜单项都应该可以被点击后跳转，所以要为每一个列表项加上超链接标记<a>。

这个列表其实已经实现了导航功能，但外观简陋。接下来通过 CSS 来装饰这个列表，使它按照任务目标，成为一个实用的导航菜单。

第一步，先进行基本的样式清除，并设置基准的字号。

```
*{margin:0;padding:0;font-size:14px;}
```

再给这个菜单定义宽度，此时高度不用设置，可以通过设置里面每个条目的高度来将整个菜单自动撑开，然后把列表项前的符号去掉。

```
ul{width:100px;list-style:none;}
```

对列表项进行样式设置，设置其高度、行高、背景颜色。然后通过设置 margin-bottom，让每个列表项之间有些空隙。

```
li{
    height:30px;
    line-height:30px;
    width:100px;
    background-color:#ccc;
    margin-bottom:1px;
}
```

去除超链接文字的下画线，为文字设置 20px 的左边距。

```
a{text-decoration:none;}
li{Padding-left:20px;}
```

这样一来，每个列表的宽度就变成了 120。请思考，为什么设置了边距，元素的宽度也会随之变大？

2. 盒模型

CSS 中，Box Model 称为盒子模型（或框模型），Box Model 规定了元素框处理元素内容（element content）、内边距（padding）、边框（border）和外边距（margin）的方式。在 HTML 文档中，每个元素（element）都有盒子模型，如图 5-4 所示。

图 5-4　盒模型示意图

根据盒模型的思想，一个完整的"盒子"，它的宽度应该=margin-left+border-left+ padding-left+内容的宽度+padding-right+border-right+margin-right，同理，盒子的高度=margin-top+border-top+padding-top+内容的高度+padding-bottom+border-bottom+margin-bottom。

这就不难理解，为什么通过设置 padding-left 调整文字位置，整个列表元素的宽度会变大。为了保持列表的宽度不变，是不是还得重新设置 li 元素的 width 值？其实有更简单的办法，只需要设置文本缩进 text-indent:20px，实现的效果是一样的，list 的宽度却没有发生变化。

分析一下这个菜单，最内层的元素被包裹在<a>标签中，<a>标签可以设置鼠标指针悬停等各种交互效果，所以其实可以把主要样式都设置到<a>标记上，前提是先将它转换成块级元素，然后才能给<a>标签设置高度、宽度、背景颜色等。

3．块级元素和行内元素

做页面布局时，一般会将 HTML 元素分为两种，即块级元素和行内元素。

块级元素排斥其他元素与其位于同一行，可以设定元素的宽（width）和高（height），块级元素一般是其他元素的容器，可容纳其他块级元素和行内元素。常见的块级元素有 div、p、h1~h6 等。

行内元素可以与其他行内元素位于同一行，不可以设置宽（width）和高（height），行内元素内一般不可以包含块级元素。行内元素的高度一般由元素内部的字体大小决定，宽度由内容的长度控制。常见的行内元素有 span、a、strong 等。

可以通过样式 display 属性来改变元素的显示方式。当 display 的值设为 block 时，元素将以块级方式呈现；当 display 值设为 inline 时，元素将以行内形式呈现。另外，如果既想让一个元素可以设置宽度、高度，又想让它以行内形式显示，这时可以设置它的 display 的值为 inline-block。

```
ul  li a{display:block;}
```

然后就可以把所有 li 上的样式都移动到<a>标记上

```
ul  li a{
    display:block;
    height:30px;
    line-height:30px;
    width:100px;
    background-color:#ccc;
    margin-bottom:1px;
    text-indent:20px;}
```

4．设置鼠标指针悬停效果

设置鼠标指针悬停时，对应菜单项的背景颜色改成橙色，文字颜色改成白色。

```
a:hover{background-color:#f60;color:#fff;}
```

运行代码，鼠标指针经过时，发生了背景和颜色的变化，一个简单的垂直导航菜单完成了。

任务 2　创建横向导航菜单

横向菜单和纵向菜单的主要区别在于，菜单项会从默认的垂直排列变成横向排列，这时需要使用"浮动"使菜单项定位到前一项的右侧。任务 2 将介绍浮动的概念。

5.2.1　横向导航菜单的设计与实现

设计并实现图 5-5 所示的横向导航菜单。

图 5-5　横向导航菜单

5.2.2　知识学习

1．CSS 浮动

float 是 CSS 的定位属性。在传统的印刷布局中，文本可以按照需要围绕图片放置，一般把这种方式称为文本环绕。在网页设计中，应用了 CSS 的 float 属性的页面元素就像在印刷布局中被文字包围的图片一样。浮动的元素仍然是网页流的一部分。这与使用绝对定位的页面元素相比是一个明显的不同。绝对定位的页面元素被从网页流中移除，就像印刷布局中的文本框被设置为无视页面环绕一样。绝对定位的元素不会影响其他元素，其他元素也不会影响它。

示例，在一个元素上用 CSS 设置浮动：

```
#sidebar { float: right; }
```

fload 属性有 4 个可用的值：left 和 right 分别浮动元素到各自的方向，none（默认的）使元素不浮动，inherit 将会从父级元素获取 Float 值。

如图 5-6 所示，当把框 1 向右浮动时，它脱离文档流并且向右移动，直到它的右边缘碰到包含框的右边缘。

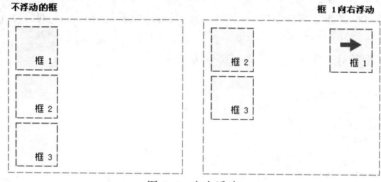

图 5-6　向右浮动

如图 5-7 所示，当框 1 向左浮动时，它脱离文档流并且向左移动，直到它的左边缘碰到包含框的左边缘。因为它不再处于文档流中，所以它不占据空间，实际上覆盖住了框 2，使框 2 从视图中消失。如果把所有 3 个框都向左移动，那么框 1 向左浮动直到碰到包含框，另外两个框向左浮动直到碰到前一个浮动框。

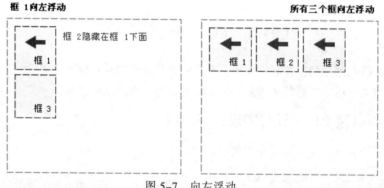

图 5-7　向左浮动

如果包含框太窄，无法容纳水平排列的 3 个浮动元素，那么其他浮动块向下移动，直到有足够的空间。如果浮动元素的高度不同，那么当它们向下移动时可能被其他元素"卡住"，如图 5-8 所示。

2. 清除 CSS 浮动

清除（Clear）是浮动（Float）的相关属性。一个设置了清除 float 的元素不会如浮动所设置的那样，向上移动到 Float 元素的边界，而是会忽视浮动向下移动，如图 5-9 所示。

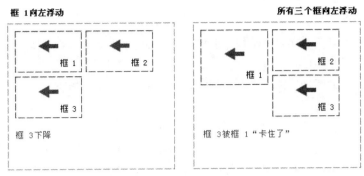

图 5-8　浮动宽度不够时元素下移

图 5-9　Footer 没有设置清除浮动

图 5-9 中，侧栏向右浮动，并且其高度小于主内容区域。页脚（Footer）此时将自动跟随到侧栏下方的空白区域。要解决这个问题，可以在页脚上清除浮动，以使页脚待在浮动元素的下方。清理浮动后的效果如图 5-10 所示。

```
#footer { clear: both; }
```

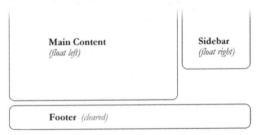

图 5-10　Footer 设置清理浮动

清除有 4 个可能值。最常用的是 both，清除左右两边的浮动。left 和 right 只能清除一个方向的浮动。none 是默认值，只在需要移除已指定的清除值时用到。只清除左边或右边的浮动，实际中很少见，不过也有他们的用处。图 5-11 就是只清理右侧浮动的用法，案例中的两张图片都向右浮动，对第二张图片清理了右侧浮动后，它移动到了第一张图片的下面。

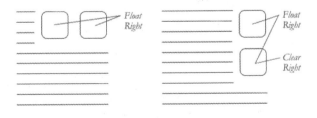

图 5-11　clear right

5.2.3　操作实践

水平菜单的结构和垂直菜单的结构完全相同，只需对垂直菜单的 CSS 样式进行简单调整，即可将它转变成水平菜单。

通过设置菜单向左浮动，即可将上一节中创建的纵向导航菜单转变为水平导航菜单。

```
li{float:left;}
```

水平导航菜单的样式还需要调整：文本是左对齐的，要变成水平居中对齐，先将之前的文本缩进去掉，再设置 text-align:center；再通过设置 margin-left:1px 使各个菜单项之间留出一些间隙。运行程序，即得到文本居中对齐的水平导航菜单，如图 5-12 所示。

| 首页 | 学院概况 | 机构设置 | 教学科研 | 招生就业 | 学子风采 |

图 5-12　水平导航菜单 1

还可以对悬停的样式稍作改变，如鼠标指针悬停时菜单项下方出现下画线、文字加粗等，可以得到另一种也很实用的效果，如图 5-13 所示。

```
a:hover{border:3px solid blue;font-weight:bold;}
```

| 首页 | 学院概况 | 机构设置 | 教学科研 | 招生就业 | 学子风采 |

图 5-13　水平导航菜单 2

任务 3　创建下拉式导航菜单

下拉式导航在浏览网页时经常会遇见到，任务 3 要介绍的是采用 HTML+CSS 实现的一个下拉式导航菜单。鼠标指针移入和移出一级菜单时会触发二级菜单的隐藏与显示，因此这里还需要用到简短的 JavaScript 代码，用于定义 mouseover 事件和 mouseout 事件。

5.3.1　下拉式导航菜单的设计与实现

设计并实现图 5-14 所示的下拉式导航菜单。

图 5-14　任务 3 的实现效果

5.3.2　操作实践

默认状态下，当前菜单和鼠标指针移过时，菜单项的背景图片各不相同。先输入如下代码：

```
<style type="text/css">
```

```
body{
    font-family:Verdana,Arial;
    font-size:12px;
}
#menu ul{
    margin:0 auto;
    padding:0;
    list-style:none;
    width:800px;
}
#menu ul li{
    background:#eee;
    height:37px;
    line-height:37px;
    border-bottom:1px solid #ccc;
    text-align:center;
    float:left;
    width:154px;
    margin-right:10px;
}
#menu ul li a{
    color:#000;
    text-decoration:none;
    display:block;
    width:154px;
    height:37px;
    background:url(images/css_btn3.png) no-repeat;
}
#menu ul li a:hover{
    background:url(images/css_btn1.png) no-repeat;
}
#menu ul li a#on{
    background:url(images/css_btn2.png) no-repeat;
}
</style>
<div id="menu">
    <ul>
        <li><a href="#" id="on">div+CSS</a></li>
        <li><a href="#">Java</a></li>
        <li><a href="#">.net</a></li>
        <li><a href="#">php</a></li>
    </ul>
</div>
```

这样，先得到一个背景动态变化的水平菜单，如图 5-15 所示。

图 5-15　一级菜单示意图

在 HTML 中设置二级菜单的条目，新增如下代码：

```
<ul>
    <li><a href="#" id="on">div+CSS</a>
        <ul>
            <li><a href="#">HTML 基础教程</a></li>
            <li><a href="#">CSS 入门</a></li>
            <li><a href="#">深入理解 CSS</a></li>
            <li><a href="#">网页布局基础</a></li>
        </ul>
    </li>
    <li><a href="#">Java</a>
        <ul>
            <li><a href="#">Java 入门</a></li>
            <li><a href="#">文档传输基础</a></li>
            <li><a href="#">Java Socket</a></li>
            <li><a href="#">Java 多线程</a></li>
            <li><a href="#">数据库访问</a></li>
        </ul>
    </li>
    <li><a href="#">.net</a>
        <ul>
            <li><a href="#">C#轻松入门</a></li>
            <li><a href="#">用 C#实现封装</a></li>
        </ul>
    </li>
    <li><a href="#">php</a>
        <ul>
            <li><a href="#">从零开始打造 PHP</a></li>
            <li><a href="#">PHP 微信平台开发</a></li>
            <li><a href="#">PHP 第三方登录</a></li>
        </ul>
    </li>
</ul>
```

预览效果如图 5-16 所示。

图 5-16 清除二级菜单项浮动前的预览效果

发现样式乱了，这是因为新增的 li 继承了原本的 float:left;。要清除上一级浮动带来的影响，新增如下代码：

```
#menu ul li ul li{float:none;width:154px;}
```

预览效果如图 5-17 所示。

现在把下拉列表的背景图片去掉，并增加 hover 样式，代码如下：

```
#menu ul li ul li a{background:none;width:154px;}
#menu ul li ul li a:hover{background:#000;color:#fff;}
```

图 5-17　清除二级菜单项浮动后的预览效果

现在基本实现了下拉效果如图 5-18 所示。接下来要实现当鼠标指针移动到一级菜单上时，显示二级菜单；当鼠标指针移开一级菜单时，隐藏二级菜单，这需要 CSS 和 JavaScript 双重来控制。

图 5-18　设置二级菜单的 hover 样式

增加如下代码：

```css
#menu ul li ul{display:none;}
#menu ul li.listshow ul{display:block;}
```

```html
<script>
function menuFix(){
    var sEle=document.getElementById("menu").getElementsByTagName("li");
    for(var i=0;i<sEle.length;i++){
        sEle[i].onmouseover=function(){
            this.className="listshow";
        }
        sEle[i].onmouseout=function(){
            this.className="";
        }
    }
}
window.onload=menuFix;
</script>
```

代码说明：

首先隐藏二级菜单的 ul：

```css
#menu ul li ul{ display:none;width:154px;}
```

设置一个一级菜单 li 的 listshow 下的二级菜单的样式为显示：

```css
#menu ul li.listshow ul{ display:block;}
```

这样就给二级菜单两个状态，默认情况下隐藏，当一级菜单有样式 listshow 时，二级菜单显示。至于这两种状态的切换就是 JavaScript 代码的控制。关于 JavaScript 的语法将在本书最后两章重点学习，此处只要求大家能正确输入，并基本理解。

JavaScript 代码解读：

（1）首先定义一个函数：menuFix，函数内部定义变量 sEle 为获取的一级菜单项。

（2）因为一级菜单有多个，所以循环每个菜单，sEle[i]代表循环到的每个菜单项。每个菜单项设置两个状态：onmouseover 和 onmouseout，即鼠标指针移动到菜单上和鼠标指针移开的两个状态。

（3）在每个状态中设置菜单项（即一级菜单 li）的 class。

练习与提高

1. 试设计和实现图 5-19 所示的水平导航菜单。

图 5-19　习题 1 的水平导航菜单效果

2. 试设计和实现图 5-20 所示的下拉式导航菜单。

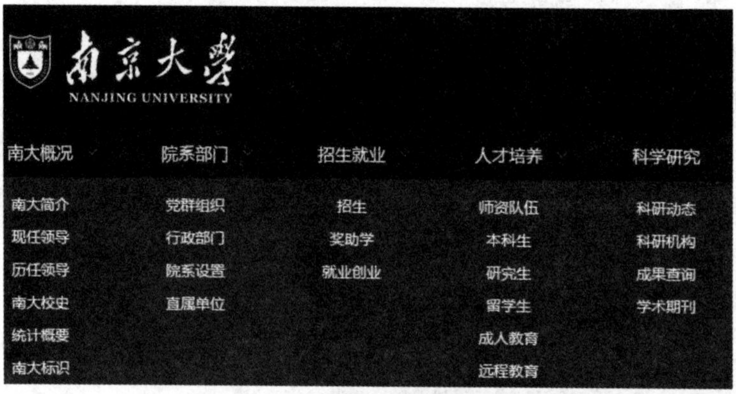

图 5-20　习题 2 的下拉式导航菜单

项目 6 | 网 页 布 局

学习目标：

（1）了解网页布局的几种模型及其实现原理。

（2）能综合应用 DIV+CSS，对给定效果图的页面进行页面布局和格式化处理。

（3）了解前端开发人员的一般工作流程。

学习任务：

（1）实现个人博客页面布局。

（2）实现某企业网站首页布局。

任务 1 创建个人博客页面

通过前面章节的学习，已经掌握了 CSS 的选择器、属性和值，并且对布局也有一定的了解。

通过任务 1，将了解和掌握在一个网站开发过程中，前端开发工作者的一般工作流程，并通过应用，加深对 HTML 和 CSS 的理解。

6.1.1 个人博客页面布局实现

博客的形式多种多样，内容丰富多彩，有对其他网站的超链接和评论、有个人随笔，还有新闻日志、照片、诗歌和散文等。

布局实现图 6-1 所示的个人博客页面。

该实例涉及以下知识点：

（1）分析架构：根据功能需求绘制出页面架构图。

（2）模块拆分：将页面按功能分割成多个部分，分别定义 DIV，进行总体布局。

（3）在网页中插入 DIV 标签，向 DIV 中填充网页内容。

（4）格式调整：定义并完善各个 DIV 的 CSS，调整色彩及内容等。

6.1.2 知识学习

1．认识 DIV 在排版中的作用

在网页制作过程中，可以把一些独立的逻辑部分划分出来，放在一个 <div> 标签中，这个标签的作用就相当于一个容器。

图 6-1　个人博客页面部分截图

语法：

...

什么是逻辑部分？它是页面上相互关联的一组元素。如网页中独立的栏目版块，就是一个典型的逻辑部分。如图 6-2 所示，图中用红色边框标出的部分就是一个逻辑部分，可以使用<div>标签作为容器。

试一试

用<div>标签为网页划分独立的版块。

```
<body>
    <h2>热门课程排行榜</h2>
    <ol>
```

```
            <li>前端开发面试心法 </li>
            <li>零基础学习 html</li>
            <li>javascript 全攻略</li>
        </ol>
        <h2>最新课程排行</h2>
        <ol>
            <li>版本管理工具介绍─Git 篇 </li>
            <li>Canvas 绘图详解</li>
            <li>QQ5.0 侧滑菜单</li>
        </ol>
    </body>
```

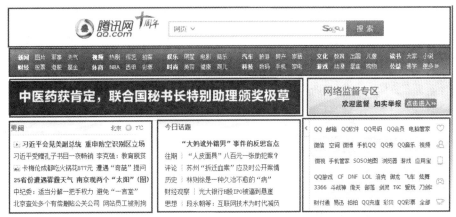

图 6-2　腾讯网版面划分

2．给 DIV 命名，使逻辑更加清晰

为了使逻辑更加清晰，可以为这一个独立的逻辑部分设置一个名称，用 id 属性来为<div>标签提供唯一的名称，这个就像每个人都有一个身份证号，这个身份证号是唯一标识身份的，也是必须唯一的。

如图 6-3 所示，如果设计师给你两个图，是不是右边的那幅图看上去能让你更快地理解？

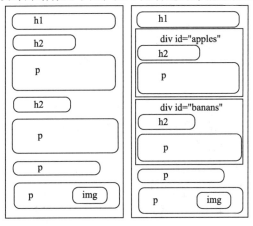

图 6-3　给 DIV 命名

语法：
```
<div id="版块名称">...</div>
```

给网页独立的版块添加"标记"：

（1）将第一个<div>代码修改为<div id="hotList">。

（2）将第二个<div>代码修改为<div id="learningInstructed">。

```
<!DOCTYPE HTML>
<html>
<head>
<meta charset="utf-8">
<title>div 标签</title>
</head>
<body>
<div>
    <h2>热门课程排行榜</h2>
    <ol>
        <li>前端开发面试心法 </li>
        <li>零基础学习 html</li>
        <li>javascript 全攻略</li>
    </ol>
</div>
<div>
    <h2>web 前端开发导学课程</h2>
    <ul>
        <li>网页专业名词大扫盲 </li>
        <li>网站职位定位指南</li>
        <li>为您解密 Yahoo 网站制作流程</li>
    </ul>
</div>
</body>
</html>
```

3. CSS 布局模型

CSS 包含 3 种基本的布局模型：Flow（流动布局模型）、Float（浮动布局模型）和 Layer（层布局模型）。

1）流动模型

流动模型（Flow）是默认的网页布局模式。也就是说网页在默认状态下的 HTML 网页元素都是根据流动模型来分布网页内容的。

流动布局模型具有 2 个比较典型的特征：

（1）块状元素都会在所处的包含元素内自上而下按顺序垂直延伸分布，因为在默认状态下，块状元素的宽度都为 100%。实际上，块状元素都会以行的形式占据位置。如下面代码中 3 个块状元素标签(div，h1，p)宽度显示为 100%，如图 6-4 所示。

```
<body>
     <div>div</div>
     <h1>一号标题</h1>
     <p>段落</p>
</body>
```

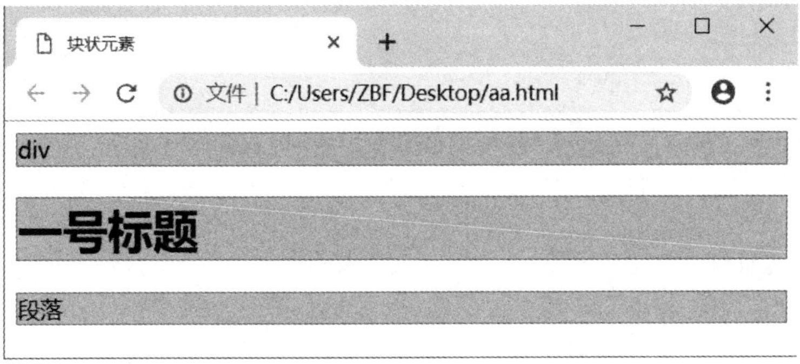

图 6-4　流动布局模型中的块状元素

（2）在流动布局模型下，内联（行级）元素都会在所处的包含元素内从左到右水平分布显示。如下代码中的 3 个行级 span 元素，在浏览器中的显示效果如图 6-5 所示。

```
<body>
     <span>行级 span1</span>
     <span>行级 span1</span>
     <span>行级 span1</span>
</body>
```

图 6-5　流动布局模型中的内联（行级）元素

2）浮动模型

浮动模型是指使用 css 将块状元素定义为浮动，其周围的元素也会更新排列。float 可为向左浮动或向右浮动。

3）层模型

层模型有 4 种形式：

（1）静态定位（position: static）。无特殊定位，对象遵循正常文档流。top、right、bottom、left 等属性不会被应用。

（2）绝对定位（position: absolute）。将元素从文档流中分离出来，然后使用 top、right、bottom、left 等属性相对于其最接近的一个具有定位属性的父包含块进行绝对定位。如果不存在这样的属性块，则相对于 body 元素，即相对于浏览器窗口定位。

```
<style>
.test{
   position:absolute;
   top:0px;left:0px;
```

```
    width:200px;
    height:200px;
    padding:5px 10px;
    background:#c00;
    color:#fff; }
</style>
<body style="background:#ccc;">
    <div style="background:#494444; position:relative;width:300px;height:300px;">
    <div class="test">我是绝对定位，在这里相对于父级div定位</div>
</div>
</body>
```

程序运行结果如图 6-6 所示。

图 6-6　相对于父级 DIV 绝对定位

（3）相对定位（position: relative）。对象遵循正常文档流，但可通过 top、right、bottom、left 等属性进一步确定位置，这也是与 static 属性不同的地方。

（4）固定定位（position: fixed）。固定定位和绝对定位的不同在于 fixed 参照定位的元素始终是视图本身（屏幕内的网页窗口），而 absolute 参照的是有定位属性的父级元素。如下代码：

```
<style>
.test{
    position:fixed;
    top:0px;
    left:0px;
    width:200px;
    height:200px;
    padding:5px 10px;
    background:#c00;color:#fff;}
</style>
</head>
<body style="background:#ccc;">
```

```
    <div style="background:#494444; width:300px;height:300px;position:rela
tive;">
    <div class="test">我是固定定位，在这里相对于body定位</div>
    </div>
</body>
```

程序运行结果如图 6-7 所示。

图 6-7　相对于 body 固定定位

4．网页布局过程

用传统表格方法实现的布局，用 DIV 也可以实现。

1）确定布局

假定某网页设计草图如 6-8 所示。

图 6-8　某网页设计草图

若用表格设计该网页布局，一般都是上中下三行布局▯。若用 DIV 设计该网页布局，也可以考虑使用三列来布局▯▯。

2）定义 body 样式

先定义整个页面的 body 样式，代码如下：

```
body {
    margin:0px;
    padding:0px;
    background:url(images/bg_logo.gif) #FEFEFE no-repeat right bottom;
    font-family:'Lucida Grande','Lucida Sans Unicode','宋体';
    color:#666;
    font-size:12px;
    line-height:150%;
}
```

以上代码定义了边框边距、背景颜色、背景图片，字体尺寸为 12px、颜色为#666 及行高。

3）定义主要的 DIV

采用固定宽度的三列布局，分别定义左中右的宽度为 200:300:280，在 CSS 中进行如下定义：

```
*{margin:0; padding:0;}
/*定义页面左列样式*/
#left{
    width:200px;
    background: #CDCDCD;
}
/*定义页面中列样式*/
#middle{
    position:absolute;
    left:200px;
    top:0px;
    width:300px;
    background: #DADADA;
}
/*定义页面右列样式*/
#right{
    position:absolute;
    left:500px;
    top:0px;
    width:280px;
    background: #FFF;
}
```

注意：定义中列和右列 DIV 都采用了 position:absolute;，然后分别定义了 left:200px;top:0px; 和 left:500px;top:0px;，这是这个布局的关键，采用了层的绝对定位。定义中间列距离页面左边框 200px，距离顶部 0px；定义右列距离页面左边框 500px，距离顶部 0px;。

此时整个页面的代码是：

```
<html>
    <head>
        <title>欢迎</title>
    </head>
    <body>
```

```
        <div id="left">页面左列</div>
        <div id="middle">页面中列</div>
        <div id="right">页面右列</div>
    </body>
</html>
```

此时页面的效果仅仅可以看到 3 个并列的灰色矩形和一个背景图。但如果希望高度是满屏的，该怎么办？

4）100%自适应高度

为了保持 3 列有同样的高度，尝试在#left、#middle 和#right 中设置"height:100%;"，但发现完全没有预想的自适应高度效果。经过一番尝试后，给每个 DIV 一个绝对高度："height:1000px;"，但是随着内容的增加，需要不断修正这个值。

如果想在 3 列布局的最后加一行行页脚，可放版权之类的信息，就遇到必须对齐 3 列底部的问题。在 Table 布局中，使用大表格嵌套小表格的方法，可以很方便地对齐 3 列；而用 DIV 布局，三列独立分散，内容高低不同，就很难对齐。其实完全可以嵌套 DIV，把 3 列放进一个 DIV 中，就做到了底部对齐。

除了使用定位布局，更多的网站应用的是浮动布局。下面是应用浮动布局实现这个 3 列布局页面主要代码如下：

```
<div id="header"></div>
<div id="mainbox">
    <div id="right"></div>
    <div id="left"></div>
    <div id="content"></div>
</div>
<div id="footer"></div>
```

具体样式表：

```
#header{
    margin:0px; border:none;background:#ccd2de; width:580px; height:60px;}
#mainbox {
    margin:0px; width:580px; background:#FFF; }
#right{
    float:right;margin:2px 0px;padding:0px 0px 0px 0px;width:400px; background:
#ccd2de; }
#left{
    float:left;margin:2px 2px 0px 0px;background:#F2F3F7; width: 170px; }
#content{
    float:right; margin:2px 0px 2px 0px; width:400px; background: #E0EFDE;}
#footer{
    clear:both;background:#ccd2de;height:40px;width:580px;}.
```

重点在于#mainbox 层嵌套了#right、#left 和#content 三个层。当#content 的内容增加，#content 的高度就会增高，同时#mainbox 的高度也会撑开，#footer 层就自动下移，这样就实现了高度的自适应。

网页的主要框架已经搭建完毕，剩下的工作只是往里面添砖加瓦。

6.1.3　操作实践

1. 素材准备

任务 1 给出的效果图是某个人博客站点的"我的文章"页面，主要功能是用于展示博主最新发布的几篇文章，页面布局简单明了，功能模块划分清晰，没有太复杂的背景，却又不失设计感，简约美观。

假设已经准备好搭建这个网页的基本素材，如各种背景图片、插图、文章分类目录、文章文字等。现在的任务就是合理利用这些素材，创建出令人有舒适愉悦感觉的页面。

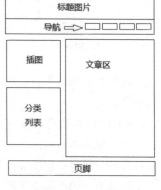

2. 网页结构

分析这个个人博客网页的内容，除了主题图片和导航菜单外，主要部分就是左侧的分类列表和右侧的文章展示，页面尾部还有一些简短的页脚信息。

可以简单地绘制出这个页面的架构图，如图 6-9 所示。

图 6-9　页面架构图

整个页面包含标题导航、左边栏、主体内容，页脚等模块，左边栏又分成若干个上下并列的小模块。

3. 布局实现

根据网页架构，为方便页面布局，考虑为网页添加如下 DIV：

（1）最外层的 div 名为 container，用于容纳页面中的所有内容。

（2）用于全局导航的 globallink，将标题图片设置为此 DIV 的背景图片，并让导航条定位到右下角。

（3）页面主体模块 main，被分为左右两栏。

（4）左侧边条 leftbar，其中包含了多个小模块，如用于显示作者信息的模块 author，用于显示文章分类的模块 category，用于显示最新文章标题列表的模块 latest，最新评论模块 comment 以及用于显示友情链接列表的模块 friends。

（5）主体内容模块 right 中包含了多个并列的 article 模块，每个都用于显示一篇文章。

（6）最后是网页的页脚信息模块 footer。

这些模块的基本位置和包含关系如图 6-10 所示。

图 6-10　模块的基本位置和包含关系

据此，选择相应的 HTML 标签组织页面各个元素，构建该网页；然后根据模块分割示意图，用 DIV 将整个网页分割为多个逻辑部分，并用 id 或 class 为相应的逻辑部分命名。代码如下：

```
<!DOCTYPE HTML>
<html>
<head>
<meta  charset="gb2312">
<title>我的博客</title>
</head>
<body>
<div id="container">
    <!--全局导航模块-->
    <div id="globallink">
    <ul>
        <li><a href="#">个人首页</a></li>
        <li><a href="#">控制面板</a></li>
        <li><a href="#">我的文章</a></li>
        <li><a href="#">我的相册</a></li>
        <li><a href="#">我的圈子</a></li>
        <li><a href="#">给我留言</a></li>
    </ul>
    <br>
    </div>
    <div id="main">
    <!--左侧边条模块-->
    <div id="leftbar">
        <!--作者信息-->
        <div id="author">
            <p class="mypic"><img src="mypic.jpg"></p>
            <p>艾萨克的 BLOG</p>
        </div>
        <div id="category">
            <h4 class="category"><span>我的文章分类</span></h4>
            <ul>
            <li><a href="#">个人随笔</a></li>
            <li><a href="#">美术设计</a></li>
            <li><a href="#">CSS 样式风格</a></li>
            <li><a href="#">Ajax 学习心得</a></li>
            <li><a href="#">新疆甘肃游记</a></li>
            <li><a href="#">学生节</a></li>
            <li><a href="#">职业生涯</a></li>
            </ul>
            <br>
    </div>
    <div id="latest">
        <h4 class="latest"><span>最新文章列表</span></h4>
        <ul>
            <li><a href="#">又是一年银杏黄</a></li>
            <li><a href="#">迎新小记</a></li>
            <li><a href="#">beep 饭局</a></li>
            <li><a href="#">夜访中戏小记</a></li>
            <li><a href="#">植物园看郁金香</a></li>
            <li><a href="#">玉渊潭看花</a></li>
            <li><a href="#">学校的春天</a></li>
            <li><a href="#">美术馆小记</a></li>
            <li><a href="#">巧学巧用 Flash</a></li>
```

```
            </ul>
            <br>
        </div>
        <div id="friends">
            <h4 class="friend"><span>友情链接</span></h4>
            <ul>
                <li><a href="#">闪客帝国</a></li>
                <li><a href="#">自由空间</a></li>
                <li><a href="#">一起走到</a></li>
                <li><a href="#">从明天起</a></li>
                <li><a href="#">纸飞机</a></li>
                <li><a href="#">下一站</a></li>
            </ul>
            <br>
        </div>
    </div>
    <!--主体内容模块-->
    <div id="right">
        <div class="article">
            <h3><a href="#">又是一年银杏黄</a></h3>
            <p class="author">isaac @ 2007-10-31 14:19:36</p>
            <p class="content">
学校的四季都是那么的美丽,转眼间金色的银杏就成了秋天园子里的主角,而忙碌在校园里匆匆的人们,
依旧骑车飞驰在这东西干道上, 不曾抬头。……</p>
            <p class="show">浏览[151] | 评论[5]</p>
        </div>
        <div class="article">
                ...
        </div>
    </div>
</div>
<!--end of main-->
<div id="footer">
    <p>更新时间: 2008-06-24 &copy;All Rights Reserved </p>
</div>
</div>
</body>
</html>
```

接下来，就要通过 CSS 进行页面布局。

```
*{margin:0;padding:0;}
```

根据效果图，为 body 设置黑色背景。

```
body{
    background-color:#000000;
}
```

设置容器模块 container 宽度为 760px，相对浏览器水平居中，背景颜色为白色，并为它添加虚框线。代码如下：

```
#container{
    width:760px;
    margin:1px auto 0px auto;
    background-color:#FFFFFF;
```

```
    border:1px dashed #AAAAAA;         /* 添加虚线框 */
}
```

全局导航模块 globallink 宽度也是 760px。代码如下：

```
#globallink{
    width:760px;
    height:163px; /* 设置块的尺寸，高度大于 banner 图片 */
}
```

左侧边栏 leftbar 宽度为 210px，左浮动。代码如下：

```
#leftbar{
    position:relative;
    float:left;
    width:210px;
}
```

作者信息模块 author 相对居中。代码如下：

```
#leftbar div#author{
    text-align:center;
    margin-top:5px;
}
```

左侧边栏 leftbar 中的所有模块清除浮动，并设置上边距 25px，使各个模块相互适当分隔。代码如下：

```
#leftbar div{
    clear:both;
    margin-top:25px;
    position:relative;
}
```

内容主体模块 right 宽度为 510 像素，左浮动到左侧边栏右侧。适当设置边距。代码如下：

```
#right{
    float:left;
    margin:0px 20px 5px 20px;
    width:510px;
}
```

内容主体模块中的每个模块之间相对分隔，为之设置外边距。代码如下：

```
#right div{
    margin:20px 0px 30px 0px;
}
```

消除 float 对页脚模块 footer 的影响，清除浮动，设置文本居中对齐，设置页脚的背景颜色，内外边距为 0。代码如下：

```
#footer{
    clear:both;
    text-align:center;
    background-color:#daeeff;
}
```

4．界面美化

设置页面字体、字号、边距清零。代码如下：

```
body{
    font-family:Arial,Helvetica,sans-serif;
    font-size:12px;
    margin:0;
    padding:0;
}
```

容器模块 container 文本左对齐，优化边框，单独设置左、右、下边框为虚线框，不要上边框。代码如下：

```
#container{
    text-align:left;
    border-left:1px dashed #AAAAAA;         /* 添加虚线框 */
    border-right:1px dashed #AAAAAA;
    border-bottom:1px dashed #AAAAAA;
}
```

设置全局导航模块的高度为 163px（该高度包含了 banner 图片的高度和导航栏的高度），将 banner 图片设置为它的背景图片，同时设置导航菜单的背景颜色，如图 6-11 所示。代码如下：

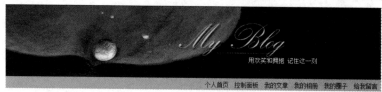

图 6-11 全局导航模块

```
#globallink{
    height:163px;
    background: #9ac7ff url(banner.jpg) no-repeat top;
}
```

设置导航列表的相应样式并将其绝对定位到右下角。代码如下：

```
#globallink ul{
    list-style-type:none;
    position:absolute;              /* 绝对定位 */
    width:417px;
    left:400px;top:145px;           /* 具体位置 */
}
```

注意：如果我们希望导航能相对于 container 容器定位，就一定要先给 container 增加 position 定位属性：

```
#container{
        position:relative;
}
```

设置导航样式，代码如下：

```
#globallink li{
    float:left;              /* 导航文字横向排列 */
    text-align:center;       /* 导航文字水平剧中 */
    padding:0px 6px 0px 6px; /* 链接之间的距离 */
}
#globallink a:link,#globallink a:visited{              /* 设置链接样式 */
```

```
    color:#004a87;
    text-decoration:none;
}
#globallink a:hover{              /*链接悬停时文字颜色和下画线*/
    color:#FFFFFF;
    text-decoration:underline;
}
```

设置作者信息模块 author 中文本信息的内外边距，上下边框线，如图 6-12 所示。代码如下：

```
div#author p{
    margin:0px 10px 0px 10px;
    padding:3px 0px 3px 0px;
    border-bottom:1px dashed #999999;
    border-top:1px dashed #999999;
}
```

设置作者信息模块 author 中的图片格式，如图 6-12 所示。代码如下：

```
div#author p.mypic{
    border:none;
    padding:15px 0px 0px 0px;
    margin:0px 0px 8px 0px;
}
div#author p.mypic img{
    border:1px solid #444444;          /*设置边框*/
    padding:2px;margin:0px;            /*图片与边框之间留空*/
}
```

为左侧边条模块 leftbar 模块中的各个子模块设置标题格式，设置列表格式，设置链接特效，如图 6-13 所示。代码如下：

图 6-12　作者信息模块

图 6-13　左侧边条 leftbar 模块

```
#leftbar div h4{                    /*统一设置标题样式*/
    background:url(leftbg.jpg) no-repeat;
    font-size:12px;
    padding:6px 0px 5px 27px;
    margin:0px;
```

```
}
#leftbar div ul{                              /*统一设置列表样式*/
    list-style:none;
    margin:5px 15px 0px 15px;
    padding:0px;
}
#leftbar div ul li{                           /*统一设置列表项样式*/
    padding:2px 3px 2px 15px;
    background:url(icon1.gif) no-repeat 8px 7px;
    border-bottom:1px dashed #999999;        /* 虚线作为下画线 */
}
#leftbar div ul li a:link,#leftbar div ul li a:visited{ /* 列表项链接样式 */
    color:#000000;
    text-decoration:none;
}
#leftbar div ul li a:hover{
    color:#008cff;
    text-decoration:underline;
}
```

设置页面主体内容模块 right 中各个文章子模块的标题样式及链接样式，如图 6-14 所示。代码如下：

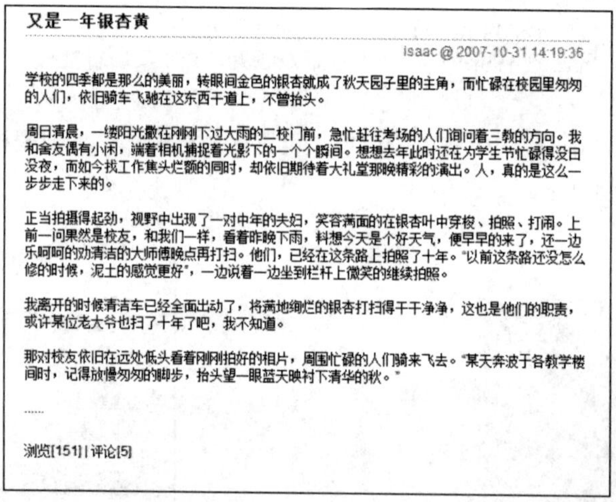

图 6-14　right 中的各个文章模块

```
#right div h3{
    font-size:15px;
    margin:0px;
    padding:0px 0px 3px 0px;
    border-bottom:1px dotted #999999;        /*下画淡色虚线*/
}
#right div h3 a:link, #main div h3 a:visited{
    color:#662900;
    text-decoration:none;
}
#right div h3 a:hover{
    color:#0072ff;
}
```

设置文章展示部分各种元素的样式，如作者、文章内容等相应样式。代码如下：

```
#right p.author{              /*文章作者信息右对齐，设颜色、边距*/
    text-align:right;
    color:#888888;
    padding:2px 5px 2px 0px;
}
#right p.content{
    padding:10px 0px 10px 0px;   /*为文章内容模块设置边距*/
}
```

修改页脚的文字颜色，段落边距。代码如下：

```
#footer{
    color:#004a87;
}
#footer p{
    margin:0px; padding:2px;
}
```

至此，个人博客页面的布局排版完成。

任务 2　创建企业网站首页布局

通过任务 2 的讲解和练习，将完成一个企业网站首页的布局，进一步掌握网页布局的方法和样式化处理的技巧。

6.2.1　企业网站首页布局实现

图 6-15 所示是某企业网站首页效果图，请用 CSS 进行布局和美化。

图 6-15　某企业网站首页效果图

6.2.2　操作实践

1．案例介绍

企业网站建设的主要目的是向访问者传递商品信息以及企业精神，所以在页面的结构上不用太花哨，应该注重实用性和商务性。

企业网页布局对用户获取信息有直接影响，其参照原则如下：

（1）将最重要的信息放在首页显著位置，一般包括产品促销信息、新产品信息、企业要闻等。

（2）在页面左上角放置企业 LOGO。

（3）为每个页面预留一定的广告位。

（4）在网站首页等主要的页面预留一个合作伙伴链接区。

（5）公司介绍、联系信息、网站地图等网站公共菜单一般放在网页最下方。

（6）站内检索、会员注册/登录等服务（如果有的话）放置在右侧或中上方显眼位置。

2．素材准备

该网站中用到的所有图片都是由网站美工人员预先设计处理好的。也可通过对效果图的分割，得到建立首页必要的图片。首页中的文字信息并不多，参考效果图输入即可。

3．网页结构

可以简单地绘制出这个页面的架构图，如图 6-16 所示。

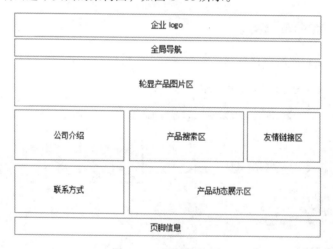

图 6-16　页面架构图

整个页面包含主题图片和导航菜单，轮显产品图片区、公司介绍区、产品搜索区、友情链接区、联系方式区、产品滚动展示区以及简短的页脚信息。

4．布局实现

根据网页架构，为方便页面布局，考虑为网页添加如下 DIV：

（1）网页头部 header。

（2）全局导航模块 navigators。

（3）轮显产品图片模块 photos。

（4）左侧边栏模块 leftbar，包含公司介绍和联系方式模块。

（5）公司介绍模块 intro。

（6）联系方式 contacts。

（7）主体模块 main，包含产品搜索、友情链接和产品滚动展示模块。

（8）产品搜索 search。

（9）友情链接 links。

（10）产品滚动展示模块 scrollarea。

（11）页脚模块 footer。

（12）用于包含其他所有模块的容器模块 container。

这些模块的基本位置和包含关系如图 6-17 所示。

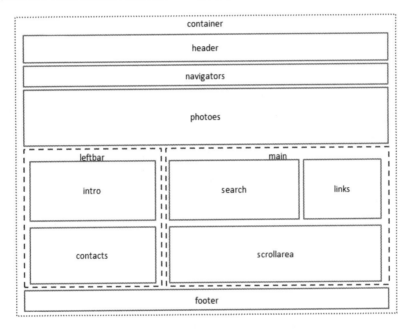

图 6-17　模块的基本位置和包含关系

据此，构建该网页的 HTML 代码：

```html
<!DOCTYPE html>
<html>
<head>
    <meta http-equiv="Content-Type" content="text/html; charset=gb2312" />
    <title>首页</title>
</head>
<body>
        <div id="Container">
        <div id="header">
        </div>
        <div id="navigators">
```

```
<ul>
    <li><a href="#">网站首页</a></li>
    <li><a href="gongsi.html">关于我们</a></li>
    <li><a href="chanpin(1).html">产品展示</a></li>
    <li><a href="anli.html">工程案例</a></li>
    <li><a href="wangluo.html">销售网络</a></li>
    <li><a href="rongyu.html">资质认可</a></li>
    <li><a href="zixun.html">资讯中心</a></li>
    <li><a href="phone.html">联系我们</a></li>
</ul>
</div>
<div id="photoes">
    <img src="images/banner1.jpg" />
</div>
<!-- begin of leftbar -->
<div id="leftbar">
    <div id="intro">安徽××机电是一家以泵为主的销售公司，在安徽省内代理上海东
欧给排水有限公司、台州开利泵业有限公司上海通-->水泵(集团)有限公司、在安徽省内树立的分公
司...</div>
        <div id="contacts">
        <ul>
            <li>安徽省××机电设备有限公司</li>
            <li>地址:合肥市桐城路与南一环交叉楼曙光雅苑2栋2901</li>
            <li>电话/传真: 0051-6287××××</li>
            <li>手机: 139×××3900、180×××9278</li>
        </ul>
        </div>
</div>
<!-- end of leftbar -->
<!-- begin of main -->
<div id="main">
<div class="search">
    <input type="text" id="inputSearch" value="" />
    <p>搜索</p>
    <ul>
        <li><a href="chanpin(1).html">单极泵</a></li>
        <li><a href="chanpin(1).html">多极泵</a></li>
        <li><a href="chanpin(1).html">化工泵</a></li>
        <li><a href="chanpin(1).html">消防泵</a></li>
        <li><a href="chanpin(1).html">电机系列</a></li>
        <li><a href="chanpin(1).html">排污泵</a></li>
        <li><a href="chanpin(1).html">真空泵</a></li>
        <li><a href="chanpin(1).html">水泵控制柜</a></li>
        <li><a href="chanpin(1).html">油泵</a></li>
        <li><a href="chanpin(1).html">阀门系列</a></li>
        <li><a href="chanpin(1).html">成套供水设备</a></li>
```

```
                    </ul>
                </div>
                <div id="links">
                    <a href="rongyu.html"><img src="images/links.jpg" /></a>
                </div>
                <div id="scrollarea">
                </div>
            </div>
            <!-- end of main -->
            <div id="footer">
                    <p><a href="#">网站首页　关于我们　产品展示　工程案例　销售网络　资质认
可　资讯中心　联系我们　ENGLISH</a></p>
                    <p><a href="#">备案序号: 皖 ICP 备*******号 安徽省××机电设备有限公司
</a></p>
            </div>
        </div>
        <!-- end of container -->
    </body>
</html>
```

5. 网页布局

设置页面主体部分的宽度并使其水平居中, 代码如下:

```
#container{ width:1004px;margin:0 auto; }
```

#header 与页面主体等宽, 设置其高度和背景图片。代码如下:

```
#header{
    height:90px;
    background:url(images/header.jpg) repeat-x ;
}
```

导航条与页面主体等宽, 设置其高度和背景, 代码如下:

```
#navigators{
    height:36px;
    padding-top:1px;
    background:url(images/nav.jpg) repeat-x;
}
```

设置导航菜单, 使其水平排列, 调整导航中超链接文字的样式。代码如下:

```
#navigators li{
    float:left;
    font-size:14px;
    margin-left:60px;
    list-style:none;
}
#navigators li a{
    color:#FFF;
    text-decoration:none;
}
```

设置左侧边条 leftbar 的宽度并使其左浮动。代码如下：

```
#leftbar{
    width:385px;
    float:left;
}
```

设置右侧主体部分 main 的宽度，使其左浮动。代码如下：

```
#main{
    width:610px;
    float:left;
}
```

设置"产品中心"模块 search 的宽度，使其左浮动。代码如下：

```
#search{
    width:355px;
    float:left;
}
```

设置"友情链接"模块 links 的宽度，使其左浮动。代码如下：

```
#links{
    width:250px;
    float:left;
}
```

滚动图片区域 scrollarea 清除浮动。代码如下：

```
#scrollarea{  clear:both;overflow:hidden; width:515px;}
```

设置页脚 footer 的高度，并清理浮动。代码如下：

```
#footer{
    Height:68px;
    clear:both;
    margin-top:39px;
    background:url(images/footer.jpg) top no-repeat;
}
```

至此，网页的基本布局已经完成。CSS 样式化处理不是本章的重点，不给出详细的设计方法和代码。

练习与提高

校园网建设的主要目的是向访问者传递校园文化和校园风貌，同时兼具信息发布等功能，应该做到简洁美观、方便实用，选图和配色要符合学校办学特色。为了吸引访客，一般要做到动静结合。

图 6-18 所示是南京铁道职业技术学院首页效果图，请用 CSS 进行布局和美化。

图 6-18　某校园网首页效果图

项目 7 JavaScript 基本应用

学习目标：

（1）掌握 JavaScript 的基本语法。

（2）会应用 JavaScript 进行基本的页面互动。

（3）能用几种 DOM 方法访问网页对象。

（4）掌握 JavaScript 中常用的内置对象。

学习任务：

（1）显示网站通知。

（2）付款金额的转换。

（3）页面倒计时。

（4）实现 DOM 基本应用。

（5）应用鼠标拖动实现登录窗口控制。

任务 1 显示网站通知

在工程技术中，分析或设计一个零部件，通常需要从不同的角度看待同一个物件，于是就有了工程技术中三视图的技术方法。实际上，网站设计任务也需要从不同的角度去实现，于是就有了页面设计（内容呈现设计）、美工设计（用户体验设计）、程序设计（脚本编程）等的岗位分工。大型网站的设计通常分工更专业、更具体，本任务从程序员的角度学习网页相关的编程设计。

网页中的代码是网站的灵魂，其作用相当于机器人的内部控制系统。随着网络终端技术的发展，脚本语言的作用越来越重要。常见的页面特效（动画、声音）、导航技术、数据采集处理等都是脚本语言实现的。

7.1.1 显示页面通知

创建一个基本页面，显示发布的临时通知。图 7-1 所示是页面启动时的效果图；图 7-2 所示是页面退出时的效果图。

通过本任务，将学会在页面中嵌入代码，并通过网页事件激发程序运行。重点内容有：

（1）<script>脚本标签的使用。

（2）页面内嵌代码编写和脚本模块的引用。

（3）掌握 Javascript 基本词法、基本语法、控制语句的用法。

（4）掌握常用标签的事件接口。

（5）了解常见事件。

图 7-1　网页启动时显示通知

图 7-2　网页退出时用户确认

7.1.2　知识学习

1. 在<script>标签中编写程序代码

使用<script>标签在 HTML 网页中插入 JavaScript 代码时，<script>标签要成对出现，并把 JavaScript 代码写在<script></script>之间，如图 7-3 所示。

图 7-3　在<script>标签中编写程序代码

<script type="text/javascript">表示在<script></script>之间的是文本类型（text），javascript 是为了告诉浏览器里面的文本是属于 JavaScript 语言。

当然，可以把 HTML 文档和 JavaScript 代码分开,并单独创建一个 JavaScript 文档（简称 JS 文档），其文档后缀通常为.js，然后将 JS 代码直接写在 JS 文档中。注意：在 JS 文档中，不需要<script>标签，直接编写 JavaScript 代码即可。

JS 文档不能直接运行，需嵌入到 HTML 文档中执行。在 HTML 代码中添加如下代码，即可将 JS 文档嵌入 HTML 文档中，如图 7-4 所示。

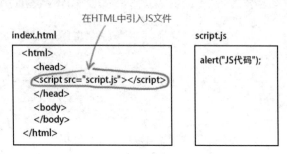

图 7-4　在 HTML 嵌入了 JS 文档

在网页文档中，<script>标签一般放置在<head></head>内的尾部，或<html></html> 内的尾部，可以出现多个<script>标签，但尽量不要与呈现的内容和 CSS 模块混排在一起。

<script>中的脚本是如何被执行的？任何程序的执行都是由浏览器中的事件激发的，是事件引起程序被调用。页面的"启动—加载—执行—卸载"称作页面的生命周期。浏览器加载页面文档后，产生页面加载等事件（即上述代码中 body 元素的 onload 事件），在加载事件中，对页面进行结构分析，对每个标签元素进行内容显示、样式处理、代码执行，当遇到<script>标签时，按顺序分析程序的每一行，当程序行是独立的语句时，程序被立即执行（如变量定义、内存分配、数值初始化等），而当程序行是调用执行语句（如 function 函数等）时，入口被记下，程序不会被立即执行，这段程序的执行必须直接或间接的由页面的特定事件激发调用(如上述程序中的按钮单击事件 onClick)。 页面加载事件只会执行一次，而页面产生的其他事件（如鼠标移动、键盘单击等）是由用户控制而产生的，处理事件的函数也会被重复地调用执行。当页面被关闭时，执行卸载事件（unload 等事件）。页面启动和卸载时的事件只会激发一次，而页面中用户操控的事件是随机产生的。

2. 给标签元素增加 id 属性并基于 id 进行控制

页面交互中，通常是通过设置标签元素的事件属性实现程序调用。先掌握一个网页设计的通行做法——为标签元素增加 id 属性。例如：

```
<div id="d1">…</div>
<p  id="p1">显示内容:xxx</p>
<img id="i1"  src='images/abc01.jpg'  alt='照片'  />
```

为标签元素增加 id（标识符,identifier 的缩写）属性是网页设计中常用的做法，目的是实现对该 id 标签元素的查找、内容修改、CSS 样式修改、属性修改。这个 id 在页面中具有唯一标识性，其作用类似于个人的身份证号，建议在网页设计时，将 id 属性作为标签元素的第一个属性出现，以方便程序调试。

通过 id 属性查找标签元素并实现内容、样式、属性控制的例句如下，请熟记相关语句：

```
<script>
```

```
function useIdDemo() {
    var d1=document.getElementById("d1");      //根据 id 查找标签对象
    var p1=document.getElementById("p1");      //根据 id 查找标签对象
    var img1=document.getElementById("i1");    //根据 id 查找标签对象
    p1.innerHTML="<a href='#'>新内容</a>";      //常用控制方式 1:改变标签内容
    d1.style.color="red";                      //常用控制方式 2:改变标签 CSS 样式
    img1.src="images/abc02.jpg";               //常用控制方式 3:改变标签的属性
}
</script>
```

3. 为标签元素设置事件属性

程序代码写在<script>中，但是激发程序运行的是固定或随机出现的事件。HTML 文档已经将事件属性化——只需要设置标签的 onXxx 的事件属性即可实现对应的事件程序接口。例如:

```
<script>
//代码部分
function getMousePos() {     //函数 1—取得移动中的鼠标指针的位置
    //先获鼠标动作事件，再取得事件发生时鼠标指针在浏览器窗口中的 X,Y 指标
    var e=window.event;          //window.event 是当前发生的事件，这里是鼠标指针移动
    var x=e.clientX;             //鼠标在窗口区域的 x 坐标
    var y=e.clientY;             //鼠标在窗口区域的 y 坐标
    //显示鼠标指针的位置
    document.getElementById("p1").innerHTML = "x,y=" + x +"," + y;
}
function setNewImage() {     //函数 2—设置新的图片
    document.getElementById("i1").src="images/abc03.jpg";
}
function sayByeBye() {       //函数 3—鼠标指针经过处，图片改变
    document.getElementById("i1").src="images/abc03.jpg";
}
function initial() {         //函数 4—页面启动时显示对话框
    alert("本案例演示代码编写、事件属性设置、调用关系");
}
</script>

<body onload="initial()"> <!--页面设计部分: 给 body 标签一个 onload 事件的函数调用-->
    <p id="p1">坐标显示: x=?,y=? </p>
    <div id="d1"
        style="width:400px;height:400px;background-color:#4e72b8"
        onMouseMove="getMousePos()" onMouseOut="sayByeBye()" >…</div>
    <img id="i1" src="images/abc01.jpg" onClick="setNewImage()" alt="点击换图" />
    <br />
    <input type="button" onclick =" useIdDemo()" value="设置 id 并用于控制" />
</body>
```

从上述代码中可以看出标签元素的 onXxx 属性设置与<script>中代码之间的关联关系。

在事件属性 onXxx 中，Xxx 是事件名称，如 Click、MouseMove、MouseOut、Change、Select、PressDown、Focus、Blur 等，对应的是单击事件、鼠标指针移动事件、鼠标指针移出事件、选择改变事件、选中事件、键盘按下事件、获得焦点事件、失去焦点事件等等，其他的常用事件还有

大小改变事件、定时器事件、加载事件、卸载事件等，每个标签的这类事件名称都很多，但常用的只有几个，必须牢记。

表 7-1 所示为常用的事件名称。

表 7-1　常用的事件名称

属　　性	当以下情况发生时，出现此事件	属　　性	当以下情况发生时，出现此事件
onabort	图像加载被中断	onmousedown	某个鼠标按键被按下
onblur	元素失去焦点	onmousemove	鼠标被移动
onchange	用户改变域的内容	onmouseout	鼠标从某元素移开
onclick	鼠标点击某个对象	onmouseover	鼠标被移动某元素之上
ondblclick	鼠标双击某个对象	onmouseup	某个鼠标按键被松开
onerror	当加载文档或图像时发生某个错误	onreset	重置按钮或点击
onfocus	元素获得焦点	onresize	窗口或框架被调整尺寸
onkeydown	某个键盘的键被按下	onselect	文本被选定
onkeypress	某个键盘的键被按按下或按住	onsubmit	提交按钮被点击
onkeyup	某个键盘的键被松开	onunload	用户退出页面
onload	某个页面或图像被完全加载		

4．JavaScript 编程基础

网页通过执行<script>标签中的 JavaScript 代码，完成页面特效、数据处理等页面业务。由于 JavaScript 语言的基础语法类似于 C 语言，词法、语法、控制语句都保留了 C 的基本结构，所以在进行编程基础知识的学习时，可对比 C 的编程规定。需要注意的是，JavaScript 与 Java 没什么关系，不要混淆。

分析如下两段代码的含义，体会一下 JavaScript 语言的语法与 C 语言有何异同。

```
<html>
<head>
<script>
    // 这是一段输出乘法口诀表的基本程序，其中有：
    // 1：变量定义与使用
    // 2：赋值语句与计算
    // 3：循环控制语句
    // 4：面向页面的输出语句

    var i=0,j=0;   //定义 2 个变量，并初始化
    var r=0;       //定义 1 个变量，并初始化
    // 用 2 个循环语句输出乘法口诀表
    for(i=1;i<=9;i++) {    //i-输出的行
      for(j=1;j<=i; j++) { //j-输出的列
        r=i*j;
        //按格式输出 i * j=r ,document.write()方法类似于 c 的 printf()或 puts()
            document.write(" "+i+"*"+j+"="+r+"  ");
      }
      document.write("<br />");   //一行之后输出一个<br />标签换行
```

```
        }
</script>
</head>
<body style="color:skyblue">
    <h1>乘法口诀表</h1>
</body>
</html>
```

提示：页面加载时顺序分析处理每个标签，在处理到<script>标签时，代码被立即执行。其执行时序类似于在<body>的 onload 事件中被调用。

```
<html>
<head>
    <style type="text/css">
    div.menu {
        background-color:#AAAAAA;
        border:1px solid teal;
        width:80%;
        height:50px;
        margin:0 auto; /* 居中显示 */
    }
    div.menu ul {
        list-style:none;
        width:100%;
        margin-top:0px;
    }
    div.menu ul li {
        float:left;
        text-align:center;
        display:block;
        width:120px;
        margin:10px;
    }
    div.menu ul li:hover {
        background-color:#33ccff;
        cursor:pointer;
    }
    </style>
    <script>
        function naviToPage(which) {
            var url="";
            switch(which) {
                case 1:
                    url="http://news.baidu.com";
                    break;
                case 2:
                    url="http://www.sina.com";
                    break;
                case 3:
                    url="http://www.qq.com";
                    break;
```

```
        case 4:
          url="http://www.ifeng.com";
          break;
        case 5:
          break;
      }
      if (url != "") {
      window.open(url,"mytarget","width=800,height=600");
      }
      else {
              alert("期待中，暂未连接…");
      }
    }
  </script>
</head>
  <body>  <!— 这是一个最简单的水平导航菜单 -->
    <h1>简单的水平导航菜单：实时新闻导航页面</h1>
    <div class="menu">
      <ul> <li onclick="naviToPage(1)">百度</li>
          <li onclick="naviToPage(2)">新浪</li>
          <li onclick="naviToPage(3)">腾讯</li>
          <li onclick="naviToPage(4)">凤凰</li>
          <li onclick="naviToPage(5)">其他</li> </ul>
    </div>
  </body>
</html>
```

分析上述代码，可以看到变量定义与初始化、赋值运算、循环控制语句等 JavaScript 编程基础内容。

5. 模块化编程

实际工程中，代码文档经常由专门的程序模块或第三方框架库提供，引入页面外程序模块的方法是：<script src = "页面外的程序文档名称"></script>。下列案例中使用了 2 个代码模块。

JS 代码模块 1：当前网站的 js 目录下的 stringUtil.js 文档内容

```
//为字符串添加一个 trim()方法——将字符串的前后空格去除
String.prototype.trim=function() {
    return this.replace(/(^\s*)|(\s*$)/g, "");
}
```

JS 代码模块 2：当前网站的 js 目录下的 dateUtil.js 文档内容

```
//返回 yyyy-MM-dd 格式的当前日期
function getCurrentDate() {
    var stamp="";
    var d=new Date();          //取得系统的当前时间
    var y=d.getFullYear();     //年份:yyyy 格式
    var m=d.getMonth()+1;      //月份：m 从 1~12
    var str="";
    if(m<10) { str=""+y.toString()+"-0"+m.toString(); } //月份处理
    else { str=""+y.toString()+"-"+m.toString(); }
    if(d<10) { str+="-0"+d.toString(); }   //日期处理
```

```
else { str+="-"+m.toString(); }
return str;   //固定格式的 yyyy-MM-dd
}
```

页面文档中添加如下引用：

```
<script src="js/stringUtil.js"></script>
<script src="js/dateUtil.js"></script>
```

程序调用的代码如下：

```
<button onclick = "alert('今天是:'+ getCurrentDate())">测试外部函数调用</button>
```

6. 第三方程序的引用

网站的页面前端设计中，经常会引入优秀的第三方程序库（也称前端框架）。这些引入的第三方程序库一般是一个或多个 js 文档和 css 文档，一般需要下载，并由 <script> 引入。下列代码演示了如何引入 jQuery 程序库，其中的 load() 是 jQuery 提供的调用函数，使用第三方的这类函数，称作 API 调用。

```
<head>
<style>
    img {width:200px;height:200px;}
</style>
<script src="js/jquery-1.10.2.min.js"></script>
<script type="text/javascript">
    // 下一行程序测试 jquery 框架库是否正确引入：
    // $(function() { alert("jquery 框架已经正确引入"); });
    function toggleShow(i)  {
        if(i==1) { $("#img1").hide(); $("#img2").show(); }
        else {  $("#img2").hide(); $("#img1").show(); }
}
</script>
</head>
<body>
    <button id="b1"  onclick="toggleShow(1)">调用第三方程序-掩藏图 2 显示图
1</button>
    <button id="b2"  onclick="toggleShow(2)">调用第三方程序-掩藏图 1 显示图
2</button>
    <div id="view" style="width:90%;height:600px;border:1px solid blue">
        <img id="img1" src="images/1.jpg" />
        <img id="img2" src="images/2.jpg" />
    </div>
</body>
```

7. 控制台调试方法介绍

JavaScript 语言由于其宽松的语法和弱类型的特点，其编程非常灵活，但也比较容易出错。在开发程序代码时，首先需要选择一款优秀的网站集成开发工具，如 WebStrom、Dreamweaver、IntelliJ IDEA 等，这样才能起到事半功倍的效果。其次，要熟练掌握本地化代码调试的基本方法，JavaScript 的运行调试环境是浏览器环境，建议使用支持 HTML5 规范较好的 Chrome 浏览器。另外，借助开源的第三方工具，对编程调试大有裨益，这类工具有 JSLint、JSHint、JSCS、ESLint、UglifyJS 等，基本方法都是写好代码后，打开工具所在的网站页面（如 http://csslint.net/），粘贴代码，检测后，这些工具会报告代码的缺陷和问题。

代码的调试主要是在本地的浏览器下运行测试，下面重点介绍 JavaScript 代码本地调试的基本方法和技巧。

（1）通过浏览器的 F12 键打开浏览器的调试窗口，在调试的控制台上查看程序编译和运行的错误报告，观察运行的结果、分段调试程序，如图 7-5 所示。在调试中，可以设置断点、单步和连续运行跟踪、监视中间结果、改变运行中的变量值、表达式计算、插入函数调用，其功能非常强大。

图 7-5　浏览器的调试窗口

（2）通过 console 对象调试程序。通过控制台对象 console 的方法调用，可以监测到运行的阶段性结果和运行状态，这些代码在发布的产品中不必屏蔽，这是主流的 JavaScript 程序调试方式。

console 最主要的方法是 console.log()，例如：

```
console.log("i= ",i);   //输出 i 的值，控制台可查运行中的 i 值
console.log("结果是：%d + %d = %d",i,j,k );   //输出计算结果
```

console 的主要调试方法如表 7-2 所示。

表 7-2　console 的主要调试方法

方法	功能	举例
console.log()	输出多个表达式	console.log("i,j,k=",i,j,k);
console.assert()	判断测试	console.assert(表达式,判断报告);
console.trace()	显示运行中的调用关系	console.trace()
console.debug()		console.debug(" OK! ");
console.info()	以不同颜色显示不同级别的调试诊断信息	console.info("信息");
console.error()		console.error("错误:红色");
console.warn()		console.warn("注意!");

续表

方法	功能	举例
console.group() console.groupEnd()	不同级别信息分组显示	console.group("第一组信息"); console.log("第一组第一条"); console.log("第一组第二条"); console.groupEnd();
console.dir()	查看复杂的对象信息	
console.time() console.timeEnd()	开始计时和结束计时, 用于统计代码执行时间	
console.count()	统计被执行的次数	console.count("显示标题");

7.1.3 操作实践

对 JavaScript 语言编程有了初步的认识和体会, 接下来回到本节任务书的内容解答上: 创建一个基本页面, 显示发布临时通知。

当页面启动和退出时, 显示通知或提醒用户确认是网页中非常常见的操作, 这里设计的内容包括:

（1）编排通知内容。为方便网站的管理用户实时发布通知消息, 这里采用将 JavaScript 程序模块暴露给用户编排的处理方式, 在该模块中只定义一条字符串消息。

（2）页面启动时判断是否有通知需要显示。页面不是每次启动时都有消息要发布的, 所以页面载入后, 必须判断用户填写的通知是否为空。这个由 body 的 onload 事件实现接口调用。

（3）页面退出时, 提醒用户确认, 允许用户取消退出, 继续留在当前页面。

页面交互中, 当发生过用户登录、数据输入或选择改变等操作时, 可以记录页面状态的变化, 页面退出时可以提醒用户确认放弃操作。页面卸载过程可以通过改变退出事件的 returnValue 值来阻断卸载, 用户没有相关操作时不需要退出确认。需要注意的是, 页面卸载控制不是与 unload 事件接口（因为 unload 事件一般是退出过程已经启动, 已无法阻断）, 而是与 onBeforeUnload 事件（页面卸载过程启动前的事件, 可阻断后续事件）接口。

页面中的主要代码段如下:

js 模块文档: notice.js——用户设置消息

```
// 发布消息须知：请在以下的[]内填写您想要发布的消息,如果没有消息发布,应该清除[]内的内容;
"、"、[、] 四个字符不要删除。
 var  notice="[]";
```

页面中的 JavaScript 代码模块:

```
<script src="js/notice.js"></script>
<script>
    var bChanged=false;         //全局变量, 当有数据改变时, bChanged 记下
    function display_notice() {
        var user_notice=notice;  //从 notice.js 中传入的用户数据
        if(user_notice !="[]") {
            //用户改变了默认值, 说明有设置的通告消息, 需要显示:
            alert("商家发布:\r" + user_notice );
        }
```

```
       else {
           //没有设置用户通知，不需要显示任何信息
       }
   }
//退出确认处理：
   function exitConfirm() {
     var e=window.event;              //取得当前的操作事件
     if(bChaned) {
        var userSelect=confirm("你确定要离开页面吗？");
        //有用户选择，确定该事件是继续执行还是取消。
        //userSelect=true 或 false,false—阻止后续事件
        e.returnValue=userSelect;
          }
     }
</script>
```

页面设计：添加了启动和退出事件的处理。

```
<body onload="display_notice()" onbeforeunload="exitConfirm()"> … </body>
```

至此，完成了任务 1 的工作，基本学会了程序的编写和在页面中的布局与调用，接下来会深入学习编写复杂的页面处理程序。

任务 2　付款金额的大写转换

正像 C 语言有很多函数库可以调用一样，JavaScript 语言的一个很重要的特征是有大量的程序代码可以调用——这些程序被封装在几个常用的对象中，由于这些库的功能非常全、通用性非常广泛，是页面嵌入代码的核心部件，因此 JavaScript 脚本程序被称为是基于对象的编程（区别于 Java 和 C# 的面向对象编程）。本任务将通过 JavaScript 语言常见内置对象的介绍，学会基于内置对象编程业务代码，实现特定功能。

7.2.1　在电商页面中实现付款金额的大写转换

通过数组、字符串等内置对象的方法调用，实现金融数值的大写转换。

电商网站、游戏网站中经常发生金额支付等交易行为，为确保线上线下付款额的正确性，页面上经常将金额数值转换为大写金额的汉字串显示和朗读，以防支付环节出错。本任务要求对选购的商品进行金额累计，计算总价，并以大写的形式输出显示。图 7-6 所示是本任务的页面效果图，其中有金额累计、金额转换。

本任务的重点内容有：

（1）JS 中的对象概念。

（2）字符串对象。

（3）数组对象。

（4）数学库对象。

（5）数值对象。

（6）日期对象。

（7）全局对象。

图 7-6 付款金额的大写转换

7.2.2 知识学习

1. 对象和基于对象编程

基于对象编程是 JavaScript 非常重要的特色。这些对象主要有 JavaScript 内置对象、DOM 和 BOM 对象、第三方程序库等，这些对象为我们提供了大量的方法调用。

一个对象有 2 个组成部分：数据和数据处理的方法。比如日期对象，所含的数据有年、月、日、时、分、表、毫秒、时区，所含的方法有取得标准时区的时间、取得本地时区的时间等；再比如，字符串是一种对象，字符串对象的数据是各个字符及其个数等，字符串对象的方法包括截取字符、比较判断、与其他字符串拼接等。

简记之：对象=数据+方法。

对象创建的几种方法：

1）以字面量赋值方式隐式创建对象

```
var name="张三";                //隐式创建字符串对象 name
var ar=[1,2,3,4];               //隐式创建一个数组对象 ar
```

2）通过 new 运算符方式显式创建对象

```
var now=new Date(2018,7,1);     //显式创建了 2018-8-1 这个特定日期的对象
var obj1=new Object();          //显式创建了一个普通对象
var ar=new Array(1,2,3,4);      //显式创建了一个数组对象
var s=new String("张三");       //显式创建了一个字符串对象
```

3）JavaScript 对象类型是引用类型

当对象的值以赋值方式传递后，指向的是同一个对象。例如：

```
var s1="张三";                  //创建了对象 s1
var s2=s1;                      //以赋值方式传递给 s2
var s3=s2;                      //以赋值方式传递给 s3
```

这里 s3、s2 和 s1 都是指向同一个对象"张三"（同于 C 语言指针赋值的概念）。

4）任何对象都可以用 toString()的方法转换为字符串输出

```
var d=new Date();
alert(d.toString());
```

2．数学对象

Math 对象用于执行各种数学计算任务。

（1）Math 对象的主要属性，如表 7-3 所示。

表 7-3　Math 对象的主要属性

属　性	描　述
Math.PI	返回圆周率
Math.e	返回数学常量 e
Math.LN2	返回 2 的自然对数
Math.LN10	返回 10 的自然对数

（2）Math 对象的主要函数，如表 7-4 所示。

表 7-4　Math 对象的主要函数

函　数	描　述
abs()	返回一个数字的绝对值
random()	返回一个 0~1 之间的随机数
round()	返回四舍五入后的整数
sin(),cos(),tan(),asin(),acos(),atan()	一组弧度相关的数学函数
ceil(),floor(),pow(),exp(),sqrt()	常用取整、指数、对数的数学函数

（3）举例：

产生一个 60～100 之间的随机整数：var num = 60+ 40*Math.floor (11* Math.random());

取整数：Math.ceil(25.7);

四舍五入处理：var num = Math.round(7.05);

计算圆的面积：var sector =Math.PI*r*r;

3．字符串对象

信息处理的核心就是字符串处理。JavaScript 字符串函数完成对字符串的长度、查找、拼接、转换、文字设置等的复杂操作，是计算机信息处理的核心内容。

（1）字符串对象的创建和产生

```
var str="我们";                    //从字面量直接创建
var str=new String();              //由 new 运算符显式创建
var str=objVar.toString() ;        //由其他对象的 toString()等方法转换产生
```

JavaScript 中任意变量和对象都可以转换为字符串，转化的方法就是对象的 toString()函数或字符串对象的强制转换函数 String()。

字符串内容必须出现于单引号或双引号的括号内，如果内容中含该括号，则需要转义处理，例如，var s ="警察问:这句话中\"他们\"究竟指谁？"。

单引号与双引号可以交叉引用，例如："他说:'我没错'"和'他说"我没错"' 等价。

在字符串的处理中，经常使用运算符"+"将 2 个字符串拼接在一起，创建一个新的字符串，例如：

```
var s = s1 + s2; //这里的+是 2 个字符串的拼接，与数学计算的加运算无关
```

（2）常用函数，如表 7-5 所示。

表 7-5　常用函数

	参数、功能、用法	例　　子
属性		
length	返回字符串的长度（字符个数）	str.length;
基本方法		
charAt(n)	返回对应位置的字符，n–字符的位置	alert(s.charAt(2))
indexOf()	查找一个字符在字符串中首次出现的位置。如存在，则返回该字符所在的位置，否则，返回–1	i =s.indexOf("a", i+ 1)
lastIndexOf()	查找一个字符在字符串中最后一次出现的位置。如存在，则返回该字符所在的位置，否则，返回–1	i =s.lastIndexOf("a", i+ 1)
match()	查找字符串中的指定字符及字符串，如存在，则返回该字符串，否则，返回 null	s.match(regExpObj)
substring(start,stop)	按位置字符串截取。start：起始值，非负整数。stop：结束位置；非负整数	str.substring(10); str.substring(2,10);
substr(start,length)	按长度字符串截取；start：规定字符截取的起始值，如果为负数，则从字符串末尾开始截取。length：截取字符串的长度	alert(str.substring(5)); str.substring(–1,5));
slice(start,end)	字符串切片：提取字符串中特定的字符串。start：起始值（可以为负数），end：结束位值	alert(s.slice(0,2)); alert(s.slice(–1,2));
replace(olds,new)	字符串替换：用一些字符替换另一些字符或替换一个与正则表达式匹配的子串	str.replace("a","A"); alert(str.replace(/a/,"A"))
toLowerCase()	将字符串转换为小写字母	转换为小写
toUpperCase()	将字符串转换为大写字母	转换为大写
search()	执行一个正则表达式匹配查找。如果查找成功，返回字符串中匹配的索引值。否则返回–1	S = "abcd".slice(0,2);
split()	通过将字符串划分成子串，将一个字符串做成一个字符串数组	str="jpg|gif|png"; arr=str.split("|");
Join()	使用分隔符将数组合并为一个字符串	lt=["jpg","gif","png"]; var s=lt.join("|");
concat	连接两个或多个字符串（等同于通常使用的+连接）	var s ="x"; s = s.concat(s1,s2,s3);
trim()	移除字符串首尾空白	s = str.trim()
字符串到其他类型的转换：		
parseInt()	解析字符串为一个整数	V = parseInt("123E");
parseFloat	解析字符串为一个浮点数	V = parseInt("12.5");
string(value)	把给定的值转换成字符串	强制转换

（3）字符串判断

字符串含有内容的判断：if (!s) { ... }

字符串为""（空值）的判断语句: if ((typeof(s) ==='string') &&(s == "")) { ... }

变量为 null 字符串（定义了没赋值）的判断语句：if (obj === null) { ... }

字符串全为空格字符的判断:

```
var reg=new RegExp("^([  ]+)|([  ]+)$");        //正则表达式
return reg.test(obj);                          //返回 true 或 false
```

字符串是否定义、是否有内容等的判断方法不是唯一的。

（4）字符串比较：

相等比较：if (s 1== s2) { ...}　　　　　　 //内容相同（数值类型不限）

严格的相等比较：if (s 1=== s2) { ...}　　　 //内容相同并且类型相同

字符串大小和测序的比较可以通过常见的运算符 >、>=、!=、<、<=等完成。

试一试

编写代码，统计某段文本中敏感词（"校园贷"）出现的次数。

```
<script>
    var sensitive ="校园贷";
    var s = "文摘内容如下...";
    var count=text_monitor(s,sensitive);
    console.log(sensitive+"出现次数:",count);
    function text_monitor(s,key) {
        var count=0;
        var startPos=0;
        var index=s.indexOf(sensitive,startPos);
        if(index>=0) {
            count++;
            startPos=index+1;
        }
        return count;
    }
</script>
```

4．日期对象

（1）获取当前的日期和时间：

```
var now=new Date();
```

下列例句中体现了年月日的读取取法：

```
alert("今天是:" + now.getYear()+"-"+( now.getMonth()+1) +"-"+now.getDate());
alert("现在时间"+now.getHour()+":"+now.getMinutes()+":"+now.seconds());
```

日期对象中，月份是基于 0 计数的，即日期中的 1~12 月对应的值为 0~11。

中文信息处理中，常用的日期和时间格式是 yyyy-MM-dd hh:mm:ss。

（2）创建日期对象。日期对象需要用 new 运算符显示创建，格式：

```
var d=new Date(yyyy,MM,dd,hh,mm,ss);          //y,M,d,h,m,s 代表年月日时分秒
var date=new Date("yyyy-MM-dd hh:mm:ss");     //基于日期格式字符串创建日期
```

例如：
```
var t1=new Date(2018,11,31);                    //创建了 2018 年 12 月 31 日的日期对象
var t2=new Date(2018,11,31,18,30,45);    //代表：2018-12-31 18:30:45
```

MM 值的范围是 0~11，代表一年的 1 到 12 月(基于 0 计数)。

（3）日期对象的常用方法，如表 7-6 所示。

表 7-6　日期对象的常用方法

方　法	描　述
Date.parse(s)	返回日期字符串对应的日期数值
Date()	返回当前的日期和时间
getFullYear(),getMonth(),getDate()	获取日期的年月日
getHour(),getMinutes(),getSeconds()	获取日期的时分秒
getMilliSeconds()	获取日期的毫秒，0~999
getTime()	获取日期对象代表的毫秒数
setFullYear(),setMonth(),setDate()	设置日期对象中的年月日
setHour(),setMinutes(),setSeconds()	设置日期对象中的时分秒
setMilliSeconds()	设置日期对象中的毫秒数，0~999
setTime()	设置日期对象

（4）用法举例：下列代码给出了 2 个日期的时间间隔的计算方法。
```
<script>
    function diffDate(sdate1,sdate2) {
    var d1=newDate(sdate1);
    var d2=newDate(sdate2);
    var d3=d1-d2;   //时间差的毫秒数
    var h=Math.floor(d3/3600000);
    var m=Math.floor((d3-h*3600000)/60000);
    var s=(d3-h*3600000-m*60000)/1000;
    var r= "相差"+h+"小时"+m+"分"+s+"秒"
    console.log(r);
    return r;
  }
  var s1="2018-07-01 00:00:00";
  var s2="2018-08-31 23:59:59";
  var retVal=diffDate(s2,s1);
  alert(retVal);
</script>
```

5. 数组对象

（1）数组的创建和产生。数组有 2 种创建方式：简易方式和标准对象的创建方式。

简易方式：
```
var ar=["A 组","B 组","C 组"];
var ar=[x,y,z];
```

标准方式：
```
var ar=new Array();  // 创建一个数组对象
```

```
ar[0]=x;  ar[1] = y;   ar[2] = z;
var ar=new Array("A组","B组","C组");  // 定义数组并初始化
```

数组元素的数据类型没有相同要求的限制。

（2）数组长度属性。数组有一个非常重要的属性——长度，代表了数组对象中元素的个数。用法如下：

```
var len = ar.length;
```

（3）数组对象的常用方法，如表 7-7 所示。

表 7-7　数组对象的常用方法

	方法	描述
1	sort()	数组元素排序
2	reverse()	数组元素倒序
3	join()	数组元素拼接
4	indexOf()、lastIndexOf()	在数组中查找
5	find()、findIndex()	测试数据元素的存在
6	forEach()、map()、filter()	遍历、映射、筛选数组元素
7	fill()	填充数组
8	push()、pop()	堆栈方式使用：入栈、出栈
9	shift()、unshift()	队列方式使用：入队、出队
10	slice()、splice()	数组片段操作

（4）数组对象的使用方式。数组对象的使用非常灵活，可以是一般的线性存储结构，也可以按堆栈、队列、矩阵的数据结构使用。

试一试

下行代码行计算并输出了每个元素的平方值：

```
for(var index in ar) {  console.log(index,ar[index], ar[index]*ar[index] ); }
```

数组排序：console.log(arr.sort());

连接所有元素输出：['a','b','c','d','e'].join("->");   //得到 a->b->c->d->e

函数返回一个数组：function randxy() {   x= random(); y=random();   return [x,y]; }

6．全局对象

对于任何 JavaScript 程序，当程序开始运行时，JavaScript 解释器都会初始化一个全局对象以供程序使用。这里所述的 JavaScript 的内置对象其实都属于全局对象 Global。

（1）全局对象属性：undefined、Infinity、NaN。

（2）全局对象的常用方法：isNaN()、isFinite()、parseInt()、parseFloat()和 escape()等。

（3）全局对象的使用。

将输入的字符串转换为整数值：

```
var s=prompt("请输入一个整数值");  var n=parseInt(s);
```

url 内容转换处理：

```
var url=esacpe("http://www.abc.com?expr=学生");
```

判断计算结果是否正确：

```
if(isNaN(x/y))  alert("不合理的数据");
```

7.2.3 操作实践

下面是对 7.2.1 节的内容解答。当我们要实现数字值转换时，我们必须先分析功能实现的思路，通常这种与使用者要求相关的操作称为业务逻辑，本功能实现的业务逻辑是将金额数字值转换为（×仟×佰×拾×）亿（×仟×佰×拾×）万（×仟×佰×拾×）元（×）角（×）分 的大写汉字串。例如：

2812345678.92→（28）亿（1234）万（5678）元（92）

→（贰拾捌）亿（壹仟贰佰叁拾肆）万（伍仟陆佰柒拾捌）元（玖角贰分）

转换规则如下：

（1）将每个数字值转换为字符串，并以小数点为标志拆分为整数和小数两部分，分别转换处理，最后拼接在一起。

（2）整数部分从后向前，按 4 个数字值一组，分别转换出亿、万、元的基本单位：

（××××）亿（××××）万（××××）元

（3）整数部分转换每个片段的数字值：

×××× → ×仟×佰×拾

（4）单个数字值的转换：

由于 0~9 与汉字的零~玖是一一对应关系，因此可以借助数组对象查找元素的方法，实现数字值到汉字的映射（数据结构上称为查表法）。示例代码如下：

```
var hz=["零","壹", …, "玖"];
var hzOfN=hz[n];  //n=0,1,2,3,…,9
```

这里借助全局对象的 parseInt()方法，将字符转换为数字值。

（5）拼接处理

整数和小数转换完成后，需要根据数字值的组成，在尾部增加 "整"或"元整"的结尾标识；转换中，多个 0 一起出现时，需要做习惯读法的处理。

这里给出转换的主要代码，请自行完善页面设计和程序功能。

```
<script>
    // 解题思路：
    // 将金额数值拆分成整数和小数 2 个部分分别转换；
    // 转换过程中，包括四个主要处理要点：
    // 1，数字值转换；2，数值单位添加，3，连续零值的处理，4，金额为"整"的判断
    // 1）数字值转换：用查表方式，按 0->零，1->壹，...，9->玖 一对一转换；
    // 2）数值单位添加：整数部分，从后向前每 4 个数字一组转换为(x仟x佰x拾x)的字符串，
    再按"元""万""亿"的组单位添加数值单位
    //    格式为：(xxxx)亿(xxxx)万(xxxx)元
    //    3987654321-->（39）+亿+（8765）+ 万 +（4321）元
    //    (目标结构为：x亿x万x元 的格式)
    // 3）0 数字值不需要转换，但遇到下一个非零数值时，应该输出 "零"标识，
    //    如：90001 转换为"玖万零壹元整"；
```

```
//   4) 金额没小数位的时候最后加 "整"
//   5) 小数部分的转换只有角和分 2 位数值，直接转换

var s="123.45";   // 转换为:壹百贰拾叁元四角伍分
var hz=['零','壹','贰','叁','肆','伍','陆','柒','捌','玖'];

var unit_base=[ "仟","佰","拾",""];     //4 为整数的基本单位
// 整数部分每 4 位数值的组单位：(xxxx)亿(xxxx)万(xxxx)元
var unit_group=[ "元","万","亿"];
var unit_decimal=[ "角","分"];         //小数部分的单位
// 本例中的相关函数，可参考网站:
//    http://www.w3school.com.cn/jsref/jsref_obj_string.asp
// 知识要点:
// 1. 如何处理字符串
// 2. 如何通过数组查表
// 3. 如何使用全局函数 parseInt()，parseFloat()等
// 4. 标签元素的内容读取与改写，及针对事件的编程
function trans() {
        var money=document.getElementById("money").value.trim();
        var result=numsToChinese(money);
        document.getElementById("sp1").innerHTML=result;
}
// 功能: 将一个金额值的字符串转换为大写的汉字字符串
function numsToChinese(decimal_money) {
    var num=parseFloat(decimal_money);
    var numStr="" + num; // 转换为正规的数字字符串,避免错误的数据输入
    if (numStr=="") return "";    // 无内容
    //拆分为小数和整数 2 个部分分别处理:
    //小数点位置:
    var  dotPos=numStr.indexOf(".");         //判断是否含小数点
    var  intPart=numStr,decimalPart = "";    //整数部分、小数部分
    if(dotPos>=0) {
            intPart=numStr.substring(0,dotPos);
            //substring(start,stop): 截取 start 处到 stop-1 处的所有字符
            decimalPart=numStr.substring(dotPos+1,numStr.length);
    }
    console.log("整数部分:", intPart, "小数部分:" + decimalPart,"有小数点:",
dotPos>=0);

        //开始整数部分的转换:
    var  result="";                         //最后的结果
    var  ch="";                             //单个字符
    var  groups=[];                         //整数部分的分组
        //整数部分的分组处理:
    var  len=intPart.length;                //整数部分的长度
    if(len>12) {
        //数值太大，不接受转换: 溢出
        return "**********";
    }
```

```
    //取出每组数据：
    var group_counts =Math.floor( ( len + 3 ) / 4 );  //如 12 为 1 组，12345
为 2 组，123456789 为三组
    console.log("整数部分: ",intPart,"长度=",len,"分组数=",group_counts );
    for (var i = 0; i< group_counts; i++) {
        //从后向前取一个组进行转换：
        groups[i]=getGroupFromString(intPart, i); //按组号截取 4 个数字
        result =Num4GroupToChinese( groups[i], unit_base) + unit_group[i] +
result; //转换一个组
    }

    //小数部分的处理：
    if(dotPos>=0) {
        //小数部分的转换：
        for(var i=0; i<2; i++) {              //只有 2 位长度，直接转换
            ch=decimalPart.charAt(i);
            if(ch!="0") {
                result+=hz[ch]+unit_decimal[i];
            }
        }
    }
    else {
        //整数的尾部单位补充
        //ch=numStr.charAt(len-1);           //遇到 0 的标记
        result+="整";
    }
return result;
}

//按组序号取组的 4 个数字字符：按上下文的要求是从后向前取组
function getGroupFromString(str,group_id) { //按组号截取 4 个数字
        var end=str.length-group_id * 4;
        var begin=end-4;
        if(begin <0) begin=0;
        var t=str.substring(begin,end);
        console.log("组:" + group_id,"内容:" + t);
        return t;
}

//转换一个组
function Num4GroupToChinese(n4Str,unitName) {
    // 从组内的的第一个字符转换开始
    var lastIsZero=false;                     //前面是个 0 的标记
    var gStr="";
    var ch="";                                //单个字符
    var len=n4Str.length;
    var pos=0;

    pos=4-len;                                //起步位置计算
    for(var i=0; i<len; i++) {
```

```
        ch=n4Str.charAt(i);
        if(ch=="0" ) {
            lastIsZero=true;
            continue;                          //遇到连续的多个00
        }
        //非零数值:
        if(lastIsZero) gStr += "零"; //多个0时，最后一个加"零"显示
        var n=parseInt(ch);                    //n=0,1,2, ..., 9
```

　　//依据小数点前的位置，判断整数部分数字的单位：unit_pos 是个十百千万...的顺序位置，从高位开始转换，

```
        console.log("i=",i, "组内单位:" + unitName[pos+i],"数字=",n );

        gStr+=(hz[n]+unitName[pos+i ])  ;
    }
    return gStr;
}
/////////////////////////////以上是数字转换程序/////////////////////////////////////
function  setCount(good_id) {
    //单价:
    var num=document.getElementById("buy_num_" + good_id ).value;
    var price=document.getElementById("price_" + good_id ).innerHTML;

    //Global 的全局函数--parseInt(),parseFloat()
    var good_total=parseInt(num)*parseFloat(price);
    document.getElementById("sum_" + good_id ).innerHTML=good_total;
```

　　//注意: 这里返回了一个数组类型的对象--在 JS 编程中经常使用这种方式返回保护多个数据的数组对象
```
    return[good_id, parseInt(num), good_total];}
```

任务 3　任务倒计时

　　在任务 2 中，学会了基于 String、Date、Math、Array 等内置对象的编程，在网页的脚本编程中，还有几类非常重要的对象，也提供了功能丰富的方法，本任务将基于窗口对象 window，完成页面的相关控制。

7.3.1　实现在线考试的倒计时功能

　　通过 window 等对象的使用，实现页面任务的计时控制。电商网站、游戏网站中经常有任务的计时功能，甚至课程的在线考试页面也有考试时间的倒计时控制。这种倒计时任务，有的显示剩余时长的时分秒，有的提示剩余的天数，但基本的控制原理是一样的。任务 3 将在在线考试页面的右上角显示考试剩余时间（时：分：秒），图 7-7 所示是计时控制的效果图。

　　通过本任务，将学会基于 window 对象的编程。重点内容有：

（1）window 对象的常用属性和方法。

（2）浏览器模型。

（3）打开新窗口。

（4）导航与退回的控制。

（5）页面权限控制。

（6）定时器的使用。

（7）理解 this 对象。

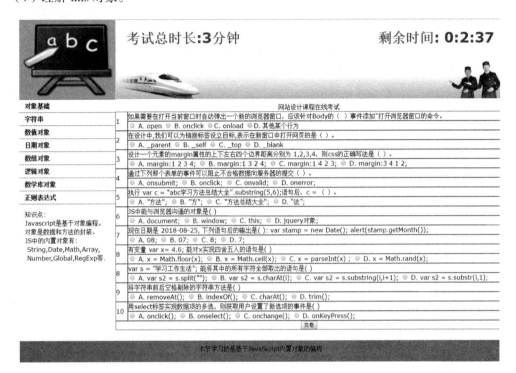

图 7-7　倒计时控制的效果图

7.3.2　知识学习

1．window 对象的属性和方法

window 对象具有与各种类型浏览器沟通的能力，可以简单地理解为浏览器，所以它是一个顶级对象，包含有控制浏览器窗口的主要方法和属性外，其他对象（如上一任务中使用到的内置对象、下文中的文档对象 document 等等）都被纳入其下，成为其子对象，window 对象是网页脚本编程的顶级根对象。其中非常有特色的一类属性是 BOM 模型的属性。

window 对象的主要属性如表 7-8 所示。

表 7-8　window 对象的主要属性

属性名称	作　　　用
Name	窗口的名称（设置或读取）
opener	产生当前窗口的窗口对象，使用它返回对象的方法和属性
parent	窗口的父窗口对象
status	窗口状态栏内容（设置或读取）
document	窗口中打开的文档对象
frames	窗口中的子框架对象

续表

属性名称	作 用
history	窗口的历史窗口控制对象
navigator	窗口的导航控制对象
screen	窗口的屏幕控制对象

window 的属性较多，但其核心的属性是 BOM 模型的 navigator、history、screen 等几个属性。例如：判断用户是 PC 还是移动终端上网。

```
function IsPC() {
        var userAgentInfo=navigator.userAgent;
        var Agents=["Android", "iPhone", "SymbianOS", "Windows Phone", "iPad",
"iPod"];
        var flag=true;
        for(var v=0; v<Agents.length; v++) {
            if(userAgentInfo.indexOf(Agents[v]) > 0) {
                flag=false; break; }
        }
        return flag; //返回 true 为 PC 上网，返回 false 为移动终端上网
}
if( !IsPc() )  window.location.href="/mobile/index.html";  //自动转到移动网络
页面
```

再如：通过 window.navigator.useragent 判断浏览器类型

```
var u= window.navigator.userAgent;
//判断是否 Opera 浏览器
var isOpera=ua.indexOf("Opera")>-1;
//判断是否 IE 浏览器
var isIE=u.indexOf("MSIE")>-1;
//判断是否 Safari 浏览器
var isSafari=u.indexOf("Safari")>-1 &&  u.indexOf("Chrome")==-1;
//判断 Chrome 浏览器
var isChrome=u.indexOf("Chrome")>-1 && u.indexOf("Safari")>-1;
```

2. 浏览器对象模型

浏览器对象模型——BOM 模型的结构如图 7-8 所示。通过对 BOM 模型中的 location、navigation、screen、history、frames 等子对象的操作，完全可以控制浏览器的行为和表现。

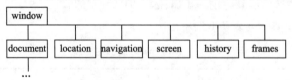

图 7-8　BOM 模型中的子对象

window 对象的主要方法包括：

对话方法：alert()、prompt()、confirm()。

页面启动、关闭与跳转方法：open()、close()、navigate()。

焦点方法：focus()、blur()。

定时器方法：setTimeout()、clearTimeout()、setInterval()、clearInterval()。

变型、移位和滚动方法：moveTo()、moveBy()、resizeTo()、resizeBy()、scrollTo()、scrollBy()。

3. 打开新窗口的控制

通过 window 的 open() 与 close() 方法，实现窗口的打开和关闭控制。其语法为：

```
window.open(url 地址,窗口名称,窗口的属性);
winObj.close();
```

其中，窗口名称可以是_blank、_self、_top、_parent 四个特定含义的窗口，也可以是自定义的名称窗口（参考 <a href="#" target=窗口名称 />中的 target 属性）。

下列代码打开了一个特定属性的小窗口：

```
var myWin=window.open(
"https://www.baidu.com",      //窗口的 URL，如果为空，则是空白窗口
"_blank",                     //窗口的名称:
"height=400,width=600,top=100,left=100,scrollbars=no");      //窗口属性
```

下行代码重新设置了窗口大小：

```
myWin.resizeTo(500,500);      //调整大小
```

下行代码移动了窗口位置：

```
myWin.moveTo(300, 300);       //移动位置
```

下行代码关闭了这个窗口：

```
myWin.close();          //调用 close()函数关闭网页（多窗口浏览器中要调整本行代码）
```

4. 导航与返回控制

下行代码也是在当前窗口打开新的页面（导航到新的页面）：

```
windows.location.href="/url"
```

通过设置 window.parent.location.href 的新页面地址，可以进行导航菜单的开发。

下列代码行，使窗口返回之前打开的页面：

```
window.history.go(-1);  //退回到上一页
```

5. 页面权限控制

window 对象有一个非常重要的属性：event 对象（当前事件对象），通过 window.event，可以实现对页面事件流的控制。在 onXxx()的事件处理代码中，可以获得当前激发的事件。下列代码通过对 window.event 事件的拦截，实现页面内容的保护（禁止复制）。

```
function click() { //禁止鼠标左键按下——不可实现页面内容选择
    window.alert('版权保护，禁止复制! ')
}
function click1() { //鼠标右键按下——禁止通过鼠标右键启动粘贴板的功能
    if (window.event.button==2) { window.alert('禁止右键单击~! '); }
    }
function CtrlKeyDown(){  //不让通过键盘实现内容复制
    if (window.event.ctrlKey) {
  alert('禁用 ctrl-c 复制! ');
    }
}
document.onkeydown=CtrlKeyDown;
document.onselectstart=click;
document.onmousedown=click1;
```

6. 定时器操作

定时器操作是 Web 开发中的常用功能。定时器操作函数有 2 组：setInterval()/clearInterval()和 setTimeout()/clearTimeout()。

（1）window.setInterval(code,milliseconds);。设置定时器，每隔一段时间重复执行指定的代码。code 参数可以是一个函数，也可以是一个字符串形式的 JavaScript 代码，milliseconds 参数是执行代码的时间间隔，单位是毫秒。

（2）window.clearInterval(timer_id);。清除 setInterval()函数设置的定时器。

（3）window.setTimeout(code,milliseconds);。设置定时器，在等待一段时间（millionseconds）后执行一次 code 代码。

code 参数可以是一个函数，也可以是一个字符串形式的 JavaScript 代码；millionseconds 的单位是毫秒。

（4）window.clearTimeout(timer_id);。清除 setTiimeout()函数设置的等待定时器。

setTimeout 与 setInterval 区别在于 setTimeout 对指定的代码只执行一次，而 setInterval()是按周期重复执行的。

例 1：下列代码在页面中显示了时钟。

```
<p id="clock">xx:xx:xx</p>
<script>
    var clock=document.getElementById("clock");
    var timer_id=-1;
    window.onload=function() {
        timer_id=window.setInterval(handler,1000);
    }
    function handler() {  // 每间隔一秒执行一次
        var now=new Date(); // 取得当前时间
        clock.innerHTML= "  "+ now.getHours()+ ":"+now.getMinutes()+ ":" +
now.getSeconds(); //时: 分: 秒
    }
</script>
```

例 2：下列代码在页面启动 10 秒后自动跳转到新的页面。

```
<script>
    var timer_id=-1;
    window.onload=function() {
    timer_id=window.setTimeout(handler,10*1000); //10秒等待
    }
    function handler() {  //十秒后执行一次
        clearTimeout(timer_id);
        windows.open("http://www.baidu.com");
    }
</script>
```

7. window 对象与 this 对象

在 JavaScript 代码中，一段函数的执行总有激发它执行的那个事件的对象。为了方便找到这个"肇事者"，JavaScript 中专门为其定义了一个内部对象——this。this 总是指向调用它所在方法的那个对象。this 有 2 个非常重要的特点：

（1）总是自动生成的一个内部对象，而且只能用于函数内部。

（2）this 总是指向函数所在的那个对象，所以在整段代码中，它的指向是不同的。

在全局函数中，this 指向的就是 window 对象，这时它和 window 对象等价；在对象事件的方法中，它绝不是 window，而是事件所在的那个对象（如标签元素对象）。

体验下列代码中 this 的指向：

```
<script>
    function report() {
        window.alert(this.src);
    }
    function changeColor() {
        this.color="red";
    }
</script>
    <img src="images/1.jpg" onclick="report()" alt="图片 1" />
    <img src="images/2.jpg" onclick="report()" alt="图片 2" />
    <p onclick="changeColor()">欢迎来访</p>
```

由于 window 是脚本编程的顶级对象，其他对象都是其成员，所以程序员经常省略顶级对象名"window."，如将 window.alert(s)直接写成 alert(s)。下文中，两种写法都可采用，不再区分，如 window.document.getElementById()与 document.getElementById()可能会同时出现。

7.3.3　操作实践

下面是对 7.3.1 节的内容解答。要实现时间控制的任务时，必须使用 window 对象的定时器方法：window.setInterval()/window.clearInterval()，当我们要延迟一小段时间再执行某段代码时，我们必须使用定时器方法：window.setTimeout()/window.clearTimeout()。这些方法中，延迟的单位是毫秒，且定时的周期不应是太大的数值。在基于定时的任务管理中，经常需要将毫秒级的时间差转换为对应的天数、时-分-秒数等，需要进行从毫秒到目标单位的换算。

本任务的代码参考如下：

```
<script>
    //----------------- 定时控制 ------------------
    window.onload=startExam;              //启动考试,注意不要写成 startExam();
    var total_seconds=3 * 60;             //预设 3 分钟考试完成
    var startStamp=new Date();            //立即开始计时
    var timer_id=-1;

    function startExam() {
        //timeCard2是总的考试时间显示牌
        document.getElementById("timeCard2").innerHTML=
    "考试总时长:" +Math.floor(total_seconds/60) + "分钟" ;
        //每秒一次的检查时间
        timer_id=window.setInterval(checkTimeOver,1000);
    }
    function checkTimeOver() {
        var now=new Date();
        //剩余时间=总时间-已经用去的时间
```

```
            var diff_by_second =
            total_seconds-Math.floor((now - startStamp)/1000);
            if (diff_by_second <=0 ) {
                // 时间到
                submitPaper(2);
            }
            else {
                // timeCard1 是剩余时间显示牌
                document.getElementById("timeCard1").innerHTML =
"剩余时间:" + getTimeSegment(diff_by_second);
            }
        }

    function getTimeSegment(secs) {
            // 显示剩余时间:
        var hh=Math.floor(secs/3600 );               //剩余的小时
        var mm=Math.floor((secs-hh*3600)/60);        //剩余的分钟
        var ss=secs- hh*3600-mm*60;                  //剩余的秒钟
        return " " + hh + ":" + mm + ":" + ss ;
    }
</script>
<script>
    //---------------- 交卷处理 ------------------
    function submitPaper(flag) {
        if(flag==1) {
            var ok=window.confirm("您确认要提前交卷? ");
            if(!ok)  return;
        }
        window.clearInterval(timer_id);
        var answers = sampleAnswer();
        //提交到服务器
        window.open("example_7_04.html","_self");
    }
    // 采集答案:
    function sampleAnswer() {
        //省略数据采集的相关代码
    }
</script>
```

在考试过程中，使用如下的按钮提前交卷：
```
  <button onclick ="submitPaper(1)">我要交卷</button>
```

任务 4　DOM 基本应用

利用 JavaScript 语言，可以重构整个 HTML 文档，如添加、移除、改变或重排页面上的项目。要改变页面的某个对象，JavaScript 就需要获得对 HTML 文档中所有元素进行访问的入口。这个入口，连同对 HTML 元素进行添加、移动、改变或移除的方法和属性，都是通过文档对象模型（DOM）

来获得的。

在了解 DOM 的相关知识后，通过任务 4 的练习，将实现访问 DOM 对象，并改变其内容、属性，设置对象隐藏和显示等操作。

7.4.1　访问并控制 DOM 对象

改变网页中元素的属性。创建一个包含标题和 DIV 的页面，并预设 DIV 的高度、宽度；DIV 下方有若干个按钮，如图 7-9 所示。编写"改变颜色""改变宽高""改变标题""隐藏/显示""取消设置"等函数，单击这些按钮，会执行对应的操作；单击"取消设置"按钮后，提示是否取消设置，单击"是"按钮则执行操作，否则不执行操作。

7.4.2　知识学习

图 7-9　任务 4 的运行效果图

1. 认识 DOM

文档对象模型 DOM（Document Object Model）是 W3C（万维网联盟）的标准，是一种中立于平台和语言的接口。它允许程序和脚本动态地访问和更新文档的内容、结构和样式。

DOM 将 HTML 文档呈现为带有元素、属性和文本的树结构（结点树）。

先看看下面的代码：

```html
<!DOCTYPE HTML>
<html>
<head>
<meta charset="utf-8">
<title>DOM</title>
</head>
<body>
<h2><a href="http://www.baidu.com">javascript DOM</a></h2>
    <p>对 HTML 元素进行操作，可添加、改变或删除 CSS 样式等。</p>
    <ul>
        <li>JavaScript</li>
        <li>DOM</li>
        <li>CSS</li>
    </ul>
</body>
</html>
```

可以将上述 HTML 代码分解为图 7-10 所示的 DOM 结点层次图。

HTML 文档可以说由结点构成的集合，以下是 3 种常见的 DOM 结点：

（1）元素结点：上图中\<html\>、\<body\>、\<p\>等都是元素节点，即标签。

（2）文本结点：向用户展示的内容，如\<li\>...\</li\>中的 JavaScript、DOM、CSS 等文本。

（3）属性结点：元素属性，如\<a\>标签的链接属性 href="http://www.baidu.com"。

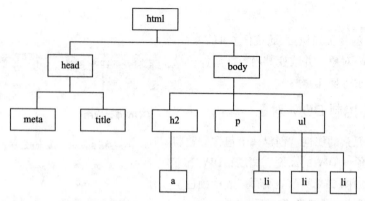

图 7-10　DOM 结点层次图

2．通过 ID 获取元素

网页由标签将信息组织起来，而标签的 id 属性值是唯一的，就像是每人有一个身份证号一样，只要通过身份证号就可以找到相对应的人。在网页中，通过 id 先找到标签，然后进行操作。

语法：

```
document.getElementById("id")
```

看看下面的代码：

```
<!DOCTYPE HTML>
<html>
<head>
<meta charset="utf-8">
<title>获取元素</title>
    <script>
        var my=document.getElementById("con");
        document.write(my);
    </script>
</head>
<body>
    <h3>Hello</h3>
    <p id="con">get element by id</p>
</body>
</html>
```

程序运行结果如图 7-11 所示。

返回结果为 null，这是因为在页面还没有完全加载时就执行 JavaScript 代码对 html 元素进行操作，浏览器认为 id 为 "con" 的对象不存在。解决此问题的方法是将<script>脚本移至<body>尾部，或者指定文档加载完成后再执行其他脚本：

```
<script>
    window.onload=function()}
        var my=document.getElementById("con")
        document.write(my);
    }
</script>
```

图 7-11 程序运行结果

注意：获取的元素是一个对象，若想对元素进行操作，要通过操作对象的属性或方法来实现。

3. 通过标签名获取元素

getElementsByTagName()方法可返回带有指定标签名的对象的集合。

语法：

```
document.getElementsByTagName("tagname")
```

如果把特殊字符串 "*" 传递给 getElementsByTagName()方法，它将返回文档中所有元素的列表，元素排列的顺序就是它们在文档中的顺序。

4. innerHTML 属性

innerHTML 属性用于获取或替换 HTML 元素的内容。

语法：

```
Object.innerHTML
```

注意：

（1）Object 是获取的元素对象，如通过 document.getElementById("ID")获取的元素。

（2）innerHTML 区分大小写。

通过 id="con"获取<p> 元素，并将元素的内容输出和改变元素内容，代码如下：

```
<!DOCTYPE HTML>
<html>
<head>
<meta charset="utf-8">
<title>innerHTML</title>
</head>
<body>
    <p id="con">Hello World!</p>
    <script>
        var mycon=document.getElementById("con");
        document.write("p 标签原始内容: "+mycon.innerHTML+"<br>");
        mycon.innerHTML="New Text";
        document.write("p 标签修改后内容: "+mycon.innerHTML);
    </script>
</body>
</html>
```

程序运行结果如图 7-12 所示。

图 7-12　程序运行结果

5. 改变 HTML 样式

HTML DOM 允许 JavaScript 改变 HTML 元素的样式。如何改变 HTML 元素的样式？

语法：

```
Object.style.property=new style;
```

注意：Object 是获取的元素对象，如通过 document.getElementById("id")获取的元素。

Property 基本属性表如表 7-9 所示。

表 7-9　Property 的属性表

属　　性	描　　述	属　　性	描　　述
backgroundColor	设置元素的背景颜色	color	设置元素的颜色
height	设置元素的高度	fontFamily	设置元素的字体
width	设置元素的宽度	fontSize	设置元素的字号

注意：该表只是一小部分 CSS 样式属性，其他样式也可以通过该方法设置和修改。

看看下面的代码（改变 <p> 元素的样式，将颜色改为红色，字号改为 20，背景颜色改为蓝色）：

```
<p id="pcon">Hello World!</p>
<script>
  var mychar=document.getElementById("pcon");
  mychar.style.color="red";
  mychar.style.fontSize="20";
  mychar.style.backgroundColor ="blue";
</script>
```

程序运行结果如图 7-13 所示。

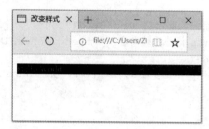

图 7-13　程序运行结果

试一试

改变 HTML 中元素的 CSS 样式：

1. 修改<h2>标签的样式，将颜色设为红色。
2. 修改<h2>标签的样式，将背景颜色设为灰色(#CCC)。
3. 修改<h2>标签的样式，将宽设为 300px。

6. 显示和隐藏（display 属性）

可通过 display 属性来设置网页中显示和隐藏的效果。

语法：

```
Object.style.display=value
```

注意：Object 是获取的元素对象，如通过 document.getElementById("id")获取的元素。

value 的取值如表 7-10 所示。

表 7-10　value 的取值

值	描　　述
none	此元素不会被显示（即隐藏）
block	此元素将显示为块级元素（即显示）

看看下面的代码：

```
<!DOCTYPE HTML>
<html>
<head>
    <meta charset="utf-8">
    <title>隐藏和显示</title>
    <script>
        function hidetext(){
            document.getElementById("con").style.display="none";
        }
        function showtext(){
            document.getElementById("con").style.display="block";
        }
    </script>
</head>
<body>
    <p id="con">作为一个 Web 开发师来说，如果你想提供漂亮的网页、令用户满意的上网体验，
    JavaScript 是必不可少的工具。</p>
    <form>
        <input type="button" onclick="hidetext();" value="隐藏段落" />
        <input type="button" onclick="showtext();" value="显示段落" />
    </form>
</body>
</html>
```

实现 id="con"的 p 标签元素的隐藏和显示:

（1）通过 style.display 实现隐藏。

（2）通过 style.display 实现显示。

7. 控制类名（className 属性）

className 属性可设置或返回元素的 class 属性。

语法:

```
object.className=classname
```

作用:

（1）获取元素的 class 属性。

（2）为网页内的某个元素指定一个 CSS 样式来更改该元素的外观。

看看下面的代码，获得 <p> 元素的 class 属性和改变 className:

```html
<html>
<head>
    <meta charset="utf-8">
    <title>className 属性</title>
    <style type="text/css">
        input {font-size:10px;}
        .one{width:200px;background-color:#ccc;}
        .two{font-size:18px;color:#f00;}
    </style>
</head>
<body>
    <p id="con" class="one">JavaScript </p>
    <form>
        <input type="button" value="点击更改" onclick="modifyClass();"/>
    </form>
    <script>
        var mychar= document.getElementById("con");
        document.write("p 元素的 class 值为"+mychar.className+"<br>");
        function modifyClass(){
            mychar.className="two";
        }
    </script>
</body>
</html>
```

程序运行结果如图 7-14 所示。

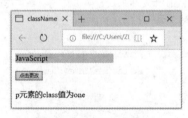

图 7-14　程序运行结果

7.4.3　操作实践

定义全局变量 mychar，用于存储要改变的网页对象（网页中 id 为 txt 的 div 元素）。

```
var mychar;
window.onload=function(){
    mychar=document.getElementById("txt");
    mychar.style.display="block";
}
```

1. 定义"改变颜色"的函数

```
function chColor()
{
    mychar.style.color="red";
    mychar.style.backgroundColor="green";
}
```

2. 定义"改变宽高"的函数

```
function chSize()
{
    mychar.style.width="400px";
    mychar.style.height ="250px";
}
```

3. 定义"改变标题（内容）"的函数

```
function chText()
{
    var mychar = document.getElementById("con");
    mychar.innerHTML="标题变化了！";
}
```

4. 定义"隐藏/显示内容"的函数

```
function chShowHide()
{
    if(mychar.style.display=="block")
        mychar.style.display="none";
    else
        mychar.style.display="block";
}
```

5. 定义"取消设置"的函数

使用 confirm() 确定框，来确认是否取消设置。若为 ture，则是将以上所有的设置恢复原始值，否则不执行操作。

```
function shReset()
{
    var flag = confirm("是否重置所有设置");
    if(flag==true)  {
        //window.location.reload();
        mychar.removeAttribute("style");
    }
}
```

6. 当单击相应按钮时，执行相应操作，为按钮添加相应事件

```
window.onload=function(){
    mychar=document.getElementById("txt");
    mychar.style.display="block";
    var btns=document.getElementsByTagName("input");
    btns[0].onclick=chColor;
    btns[1].onclick=chSize;
    btns[2].onclick=chText;
    btns[3].onclick=chShowHide;
    btns[4].onclick=shReset;
}
```

练习与提高

1. JavaScript 基础编程练习。编码完成以下几个任务：

（1）图片切换。将 5 幅商品图片存在网站的 images 目录下，当单击页面中的<img>图片标签时，切换显示到下一幅图片（图片文档按 1.jpg、2.jpg、…、5.jpg 取名）。

（2）主题切换。设计 2 个主题样式的 CSS 文档，在页面上安排一个小型图片（16 × 16 的小图标），单击后实现 2 个 CSS 文档的切换使用，实现页面主题切换的特效。

提示： 给<link>标签设置 id，代码通过 id 查找到该标签后，改变其 href 属性的值。

（3）输入验证。设计一个含有姓名、密码两个输入项和一个确定按钮的登录页面，当单击"确定"按钮时，采集到用户输入的姓名和密码内容，并显示。

2. JavaScript 内置对象编程练习。编写完成以下任务：

（1）设置一个学生信息采集页面，录入学号、姓名、性别、出生日期、身高五个字段数据（设计表单）。

（2）运行该页面，连续录入多条记录：每录入一个学生条目，将 5 个字段的文本以"，"为分隔符，拼接成一个字符串，并顺序存储在一个全局数组对象中（定义并使用全局数组，数组元素的格式化输出）。

（3）每条学生信息检查通过后，显示于页面底部，每个学生的信息均显示为一行（显示于 div、p 或 table 标签元素中都可以）。

3. 页面计时编程练习。编码完成以下测试任务。

（1）计算当前日期到本年度国庆节还有多少天或过去了多少天。

（2）编写一段脚本程序，统计一分钟内用户正确完成了多少个 100 以内 2 个随机数的加法运算。

（3）在页面中增加如下 4 种导航操作按钮，实现其功能：回到页面顶部、回到页面底部、回到上一页、回到下一页。

（4）为电商网页增加优惠活动倒计时功能，时间到达后回复原价。

项目 8 | 网页动态功能实现

学习目标：

（1）能在网页中正确添加 JavaScript 脚本。

（2）能应用 JavaScript，为页面添加常用的特效。

（3）能正确访问页面元素并改变其样式、状态。

（4）能合理使用定时器。

学习任务：

（1）实现表单验证。

（2）实现导航特效。

（3）实现选项卡特效。

（4）实现图片轮显特效。

（5）实现图片滚动特效。

（6）实现鼠标指针悬浮与拖动特效。

任务 1　使用 JavaScript 实现表单验证

本任务要解决的问题是，如何在前端页面上解决数据输入正确性的判断——表单验证。在工程应用中，前端输入的错误（如格式不正确、遗漏输入、数据不合理等）应该尽可能在发送到后端服务器前进行完整性验证，对明显不合规的输入应该及时提醒处理，以减少网络和服务器的通信和处理开销。

表单验证是 JavaScript 中的高级选项之一。本任务模仿淘宝网用户注册界面，讲解正则表达式（regex）的基本用法，通过对"用户名输入框""密码输入框"、"确认密码输入框"的验证分析，了解正则表达式（regex）和交互设计的相关知识。

8.1.1　新用户注册页面的前端验证

制作图 8–1 所示的新用户注册表单。并在用户将表单信息提交前进行本地合法化验证，具体验证规则如下：

（1）用户名不能为空。

（2）输入用户名时，下方有相应的字数提示。

（3）用户名包含 2~12 位汉字。

（4）密码不能为空。

（5）密码是 6~16 位数字和字母或下画线的组合，不能单独使用字母或数字。

（6）确认密码与密码必须一致。

（7）邮箱必须包含@和. 。

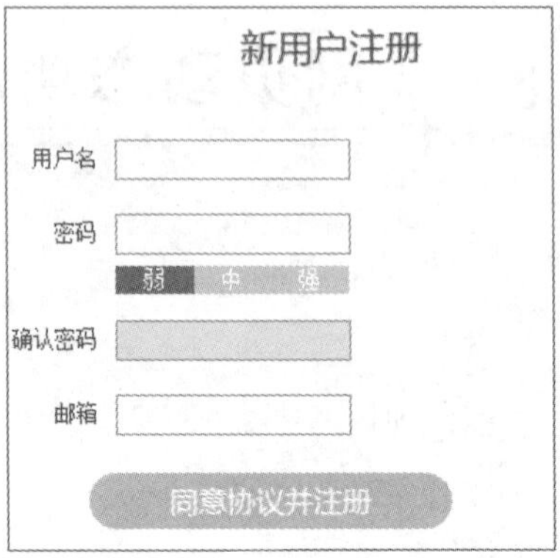

图 8-1　注册页面验证效果图

至于账号和密码的对应关系的正确性，一般情况下只有通过服务器去验证，这不是前端能解决的问题。这里，目的非常明确：后端服务器保证数据关系的正确验证，而前端浏览器必须保证提交的数据的格式、内容正确规范。

8.1.2　表单的触发验证机制

表单数据一般是通过<form>的 action 属性自动采集和传递出各个数据到服务器上的目标组件的。前端的关键是如何激发表单提交数据的事件，并在数据验证不正确的情况下，阻断数据提交过程。

页面的执行顺序分析：

（1）用户单击 type="submit"类型的"提交"按钮，激发该按钮 click 事件的执行。

（2）通过验证函数如 validUserInput()的执行，将返回 true 或 false 的判断结果。

如果程序代码判断用户输入符合验证规则，则返回 true，于是自动激发 form 中 action 属性指定的目标动作页面的启动，页面功能结束。

如果验证规则没通过，validUserInput()应该返回 false，于是 form 不能启动加载新页面，浏览器停留在当前页面。

单击"提交"按钮，会重复执行上述验证判断，直到验证正确，页面跳转。

（3）验证代码需要做 4 个基本工作：读取用户已经输入的数据→判断这个数据是否符合规范→重复上述 2 个步骤，直到表单中需要验证的所有数据全部判断完成→返回 true（全部符合规定）或 false（如果有不符合规定的数据存在）。

在判断后可以采取弹出窗口提示、页面变色或同时显示信息等友好回应用户的体验措施。

8.1.3　网页的 HTML 结构和 CSS 样式

先来看看这个注册表单的 HTML 代码，了解一下页面结构：

```html
<form method="post" action="#" id="demoform">
    <h3>新用户注册</h3>
    <div>
        <label><span>用户名</span><input type="text"></label>
        <p class="msg"><i></i>请输入 2 到 12 位汉字</p>
    </div>
    <div>
        <label><span></span><b id="count"></b></label>
    </div>
    <div>
        <label><span>密码</span><input type="password"></label>
        <p class="msg"><i></i>请输入 6 到 16 位字符</p>
    </div>
    <div style="margin:3px 0 14px">
        <label><span></span><em  class="active"> 弱 </em><em> 中 </em><em> 强
</em></label>
    </div>
    <div>
        <label><span>确认密码</span><input type="password" disabled="disabled"><
/label>
    <p class="msg"><i></i>请再输入一次</p>
    </div>
    <div>
        <label><span></span></label>
    </div>
    <div>
    <label><span>邮箱</span><input type="email"></label>
    <p class="msg"><i></i>请输入 2 到 16 位字符</p>
    </div>
    <div>
        <input class="submitBtn btn" type="submit" value="同意协议并注册" />
    </div>
</form>
```

　　表单中的每一行都对应一个<div>，包含了用户名、密码、确认密码和邮箱等输入框以及提交按钮。class 为"msg"的<p>标签用于显示错误提示信息，第二行的<div>用于显示用户名输入时的字数。

　　网页的部分 CSS 代码如下：

```css
*{margin:0;padding:0;font:12px/1.5 "宋体","Arial";color:#666;}
ul,ol{list-style:none;}
img{border:none;}
input,select,img{vertical-align:middle;}
#demoform{
    margin:100px auto;
    width:700px;
    height:500px;
    background:#fff;
    padding:15px 0 0 200px;
}
```

```
#demoform h3{
    font-size:20px;
    font-family:"微软雅黑";
    text-indent:180px;
    line-height:100px;
}
#demoform div{
    overflow:hidden;
    clear:both;
}
#demoform label{
    float:left;
    clear:both;
}
#demoform label span{
    width:100px;
    text-align:right;
}
#demoform label b{
    width:200px;
    font-weight:normal;
    color:#ccc;
    visibility:hidden;
}
#demoform div em{
    display:inline-block;
    font-style:normal;
    font-weight:normal;
    color:#fff;
    text-align:center;
    vertical-align:middle;
    background:#ffd099;
    width:43px;
    height:15px;
    line-height:15px;
}
#demoform div em.active{    background-color:#ff6600;}
#demoform span{
    display:inline-block;
    width:80px;
    text-align:right;
    margin-right:10px;
}
.btn{border:none;}
.msg{display:none;}
div i{
    width:20px;
    height:20px;
    background:url(images/icons.png) -795px -70px no-repeat;
    float:left;
```

```
}
.info{                  /*获得焦点时提示用户输入格式信息*/
    display:inline-block;
    background:url(images/icons.png) -795px -70px no-repeat;
}
.err{                   /*显示错误提示信心*/
    display:inline-block;
    background:url(images/icons.png) -690px -490px no-repeat;
}
.success{               /*显示输入正确*/
    display:inline-block;
    background:url(images/icons.png) -635px -490px no-repeat;
}
```

因为 CSS 不是本章的学习重点，这里不做详细分析。

8.1.4 编写数据验证代码的一般方法

假设表单中有 id = "userPassword " 的密码框，要验证其长度必须大于 6，代码如下：

```
//1:依据 id 找到该对象:
var obj=document.getElementById("userPassword");
//2:取得该对象的某个属性: 这里是<input value="">的 value 属性
var str=obj.value;
//3:判断这个值是否符合约定的规则:
var ok=true;
if(str.length <=6 ) {
    ok=false;
    alert("密码长度不能小于 6 个字符哦! ");
}
....其他数据验证...
 return ok;
```

其他规则、其他数据的处理均如此。

当数据验证不通过时，可以灵活采取多种措施提示出错。以下代码是在输入框后显示一个红问号加提示语来处理的。代码如下：

```
var obj=document.getElementById("userPassword");
var pwd=obj.value;
var ok=true;
if(pwd.length<=6) {
    ok=false;
    var obj2=document.getElementById("pwdPrompt");
    obj2.innerHTML="<span style='color:red;'>?密码长度不能少于 6 个字符哦!
</span>";
        }
```

8.1.5 使用 JavaScript 实现注册表单验证

在<script>标签中添加以下代码，选取要访问并验证的控件：

```
window.onload=function(){
    var ints=document.getElementsByTagName("input");
    var yhm=ints[0];
```

```
        var pass=ints[1];
        var pass2=ints[2];
        var email=ints[3];
        var ap=document.getElementsByTagName("p");
        var yhm_p=ap[0];
        var pass_p=ap[1];
        var pass2_p=ap[2];
        var email_p=ap[3];
        var b=document.getElementById("count");
        var aem=document.getElementsByTagName("em");
        var em1=aem[0],em2=aem[1],em3=aem[2];
    }
```

1. 验证用户名

用户名是按照一定规则来定义的，比如这里对用户名要求输入只能为 2~12 位的汉字。需要制定规则，对用户输入的字符进行格式验证，这时可以使用正则表达式。

正则表达式，又称规则表达式，是对字符串（包括普通字符（如 a 到 z 之间的字母）和特殊字符（称为元字符））操作的一种逻辑公式，就是用事先定义好的一些特定字符及这些特定字符的组合，组成一个"规则字符串"，这个"规则字符串"用来表达对字符串的一种过滤逻辑。

正则表达式的主要功能是用来进行字符匹配，由于它简单并且功能强大，因此被应用在各种语言如 Java、PHP、JavaScript 中。

给定一个正则表达式和另一个字符串，可以达到如下目的：

（1）给定的字符串是否符合正则表达式的过滤逻辑（称作"匹配"）。

（2）可以通过正则表达式，从字符串中获取想要的特定部分。

下面是一个简单的示例：

^[0-9]+abc$

（1）^ 为匹配输入字符串的开始位置。

（2）[0-9]+匹配多个数字，[0-9] 匹配单个数字，+ 匹配一个或者多个。

（3）abc$匹配字母 abc 并以 abc 结尾，$ 为匹配输入字符串的结束位置。

JavaScript 中正则表达式的语法：

```
var patt=new RegExp(pattern,modifiers);
```

或更简单的方法：

```
var patt=/pattern/modifiers;
```

模式（pattern）描述了一个表达式模型。

修饰符（modifiers）描述了检索是否是全局、区分大小写等。

注意：当使用构造函数创造正则对象时，需要常规的字符转义规则（在前面加反斜杠 "\"）。比如，以下是等价的：

```
var re=new RegExp("\\w+");
var re=/\w+/;
```

常用的正则表达式如下：

① 数字：^[0-9]*$。

② n 位的数字：^\d{n}$。

③ 至少 n 位的数字：^\d{n,}$。

④ m~n 位的数字：^\d{m,n}$。

⑤ 正数、负数和小数：^(\-|\+)?\d+(\.\d+)?$。

⑥ 汉字：^[\u4e00-\u9fa5]{0,}$。

⑦ 英文和数字：^[A-Za-z0-9]+$ 或 ^[A-Za-z0-9]{4,40}$。

⑧ 长度为 3~20 的所有字符：^.{3,20}$。

⑨ 由 26 个英文字母组成的字符串：^[A-Za-z]+$。

⑩ 中文、英文、数字包括下划线：^[\u4E00-\u9FA5A-Za-z0-9_]+$。

⑪ Email 地址：^\w+([-+.]\w+)*@\w+([-.]\w+)*\.\w+([-.]\w+)*$。

⑫ 手机号码：^(13[0-9]|14[5|7]|15[0|1|2|3|5|6|7|8|9]|18[0|1|2|3|5|6|7|8|9])\d{8}$。

⑬ 身份证号(15 位、18 位数字)，最后一位是校验位，可能为数字或字符 X：(^\d{15}$)|(^\d{18}$)|(^\d{17}(\d|X|x) $)。

⑭ 账号是否合法(字母开头，允许 5~16 字节，允许字母数字下画线)：^[a-zA-Z][a-zA-Z0-9_]{4,15}$。

⑮ 密码(以字母开头，长度在 6~18 之间，只能包含字母、数字和下画线)：^[a-zA-Z]\w{5,17}$。

⑯ 日期格式：^\d{4}-\d{1,2}-\d{1,2}$。

对用户名进行长度验证和格式验证：

```
var name_len=0;
var re=/[^c\u4e00-\u9fa5]+$/;
yhm.onfocus=function(){
    yhm_p.style.display="block";
    yhm_p.innerHTML='<i class="info"></i>2 到 12 个汉字';
};
yhm.onkeyup=function(){
    b.style.visibility="visible";
    name_len= yhm.value.length;    //用户名的长度
    b.innerHTML=name_len+'个字符';
};
yhm.onblur=function(){
    //不能为空
    if(this.value==""){    //this 指向调用它所在方法的那个对象
        yhm_p.innerHTML='<i class="err"></i>不能为空';
    }
    //不能有非法字符，re.test()返回 true，表示通过正则验证
    else if(!re.test(this.value)){
        yhm_p.innerHTML='<i class="err"></i>不能使用非法字符!';
    }
    //最大长度不能超过 12
    else if(name_len>12){
        yhm_p.innerHTML='<i class="err"></i>用户名长度不能超过 12!';
    }
    //最小长度不能低于 2
```

```
    else if(name_len<2){
        yhm_p.innerHTML='<i class="err"></i>用户名长度不能少于 2!';
    }
    //成功
    else{
        yhm_p.innerHTML='<i class="success"></i>成功!';
    }
}
```

2. 验证密码

对用户名进行验证时，先进行了格式验证，再进行长度验证。其实在正则表达式中，可以直接约定字符串的长度，如^\w{5,10}$表示长度为 5~10 的字符串。

下面对密码进行验证：

```
pass.onfocus=function(){
    pass_p.style.display="block";
    pass_p.innerHTML='<i class="info"></i>6-16 位数字和字母或下画线的组合，不能单独使用字母或数字。';
};
pass.onkeyup=function(){
    //不能为空
    if(this.value==""){
        pass_p.innerHTML='<i class="err"></i>不能为空！';
    }
    //长度大于 6 为中
    if(this.value.length>6){
        em2.className="active";
        pass2.removeAttribute("disabled");
        pass2_p.style.display="block";
        pass2_p.innerHTML='<i class="info"></i>请再次输入密码';
    }else{
        em2.className="";
        pass2.setAttribute("disabled","disabled");
        pass2_p.style.display="none";
    }
    //大于 12 位为高
    if(this.value.length>12){
        em3.className="active";
    }else{
        em3.className="";
    }
};
pass.onblur=function(){
    var re_pass=/^[a-zA-Z]\w{5,15}$/;          //字母开头，6~16 位字母数字下画线
    var re_n=/^[\d]+$/;                        //全数字
    var re_t=/^[a-zA-Z]+$/;                    //全字母
    //1 密码不能为空
    if(this.value==""){
```

```
        pass_p.innerHTML='<i class="err"></i>不能为空';
    }
    //2 不能全数字，不能全字母
else if(re_n.test(this.value)){
        pass_p.innerHTML='<i class="err"></i>不能全部使用数字';
    } else if(re_t.test(this.value)){
        pass_p.innerHTML='<i class="err"></i>不能全部使用字母';
    //3 字母开头，包含字母、数字、符号的 6~16 位密码
    }else if(!re_pass.test(this.value)){
        pass_p.innerHTML='<i class="err"></i>密码格式或长度不正确';
    }else{
        pass_p.innerHTML='<i class="success"></i>成功';
    }
}
```

确认密码框只需要在失去焦点时进行验证，判断第二次输入的密码是否跟第一次输入的密码一致，并给出相应的提示。

对确认密码进行验证：

```
pass2.onblur=function(){
    if(pass2.value==pass.value){
        pass2_p.innerHTML='<i class="success"></i>成功';
    }else{
        pass2_p.innerHTML='<i class="err"></i>确认密码与密码不一致，请重新输入';
    }
}
```

3．验证邮箱

对邮箱进行验证：

```
email.onfocus=function(){
    email_p.style.display="block";
    email_p.innerHTML='<i class="info"></i>请输入常用邮箱';
}
email.onblur=function(){
    if(email.value==""){
        email_p.innerHTML='<i class="err"></i>邮箱不能为空';
    }else if(email.value.indexOf("@",0)==-1){
        email_p.innerHTML='<i class="err"></i>邮箱格式不正确';
    }else if(email.value.indexOf(".",0)==-1){
        email_p.innerHTML='<i class="err"></i>邮箱格式不正确';
    }else{
        email_p.innerHTML='<i class="success"></i>成功';
    }
}
```

正则表达式还有不少更高级、更复杂的用法，需要大家在实践中不断探索和总结。

接下来的几个任务，都是在南京铁道职业技术学院校园网首页上添加 JavaScript 脚本，依次实现该校园网首页上的二级导航特效、选项卡特效、图片轮显特效和图片滚动特效，如图 8-2 所示。

图 8-2　南京铁道职业技术学院首页

任务 2　使用 JavaScript 实现导航特效

分类导航是页面菜单的一种典型方式，本节重点介绍菜单的实现技术及其分类导航菜单的设计。

本节内容通过模仿几个网页常见的菜单效果，学习导航菜单的结构和样式处理，菜单常见交互如何开发，介绍了普通二级菜单的问题，并通过逐步优化去解决该问题。

8.2.1　折叠菜单的实现

图 8-3 所示是一个带折叠二级菜单的垂直菜单。实现的技术包括：

（1）ul 实现一级菜单。

（2）ul 内嵌的每个 li 显示为 Block 块，由鼠标事件程序控制其可见或不可见。

（3）每个菜单项的结构是：<a>标签做菜单标题，<ul>做子菜单。

这个示例主要展示了通过鼠标事件控制内容块的显示实现导航菜单的效果，是比较简易的菜单制作方式。

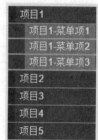

图 8-3　折叠菜单的效果图

菜单设计的重点内容是：菜单样式表、鼠标事件的代码、块显示控制逻辑。

代码分析：

```css
<style type="text/css">
body{    background-color:#ffdee0;    }
#menu{
    width:150px;
    font-family:Arial,Helvetica,sans-serif;
}
#menu{
    list-style:none;
    margin:0;
    padding:0;
}
#menu li{
    border-bottom:1px solid #ED9F9F;
}
#menu li a{
    display:block;
    padding:5px 5px 5px 0.5em;
    text-decoration:none;
    border-left:12px solid #711515;      /*左边的粗红边*/
    border-right:1px solid #711515;      /*右侧阴影*/
    background-color:#c11136;
    color:#FFFFFF;
}
#menu  li a:hover{
    background-color:#990020;            /*改变背景色*/
    color:#ffff00;
}
#menu  li  ul{
    list-style:none;
    margin:0;
    padding:0;
}
#menu li ul li{ border-top:1px solid #ED9F9F; }
#menu  li ul li a{
    padding:3px 3px 3px 0.5em;
    border-left:28px solid #a71f1f;
    border-right:1px solid #711515;
    background-color:#e85070;
    color:#FFFFFF;
}
#menu li ul li a:hover{
    background-color:#c2425d;
    color:#ffff00;
}
.submenu{display:none;}     /*隐藏二级菜单*/
</style>
<script type="text/javascript">
function menu(){
```

```
        var lis=document.getElementById("menu").getElementsByTagName("li");
        for(var i=0;i<lis.length;i++){
            lis[i].onclick=function(){
            if(this.getElementsByTagName("ul")[0].style.display=="block"){
                this.getElementsByTagName("ul")[0].style.display="none";
                }else{
                this.getElementsByTagName("ul")[0].style.display="block";
                }
            }
            }
    }
    window.onload=menu;
    </script>
```

二级目录由嵌套列表构造：

```
<div>
<ul  id="menu">
    <li><a href="#">项目 1</a>
        <ul class="submenu">
            <li><a href="#">项目 1-菜单项 1</a></li>
            <li><a href="#">项目 1-菜单项 2</a></li>
            <li><a href="#">项目 1-菜单项 3</a></li>
        </ul>
    </li>
    <li><a href="#">项目 2</a>
        <ul class="submenu">
            ...
        </ul>
    </li>
    ...
</ul>
</div>
```

8.2.2　横向二级菜单的实现

对 8.2.1 中的折叠菜单稍作改动，就可以得到一个横向的二级菜单，该横向二级菜单的特征如下：

（1）鼠标指针移入一级菜单时显示对应的二级菜单，隐藏其他二级菜单项

（2）鼠标指针移出一级菜单时隐藏其对应的二级菜单项。

运行效果如图 8-4 所示。

图 8-4　横向二级菜单

代码实现：

```
<script type="text/javascript">
function menu(){
var lis=document.getElementById("menu").getElementsByTagName("li");
for(var i=0;i<lis.length;i++){
    lis[i].onmouseover=function(){
```

```
        this.getElementsByTagName("ul")[0].style.display="block";
    }
    lis[i].onmouseout=function(){
        this.getElementsByTagName("ul")[0].style.display="none";
    }
    }
}
window.onload=menu;
</script>
```

8.2.3　校园网二级导航的实现

校园网二级导航菜单如图 8-5 所示。

图 8-5　校园网首页二级导航菜单

该二级菜单的 HTML 结构如下：

```
<div id="div_menu">
    <div id="menu">
        <ul>
            <li class="m_line1"><img src="images/line1_red.jpg" /></li>
            <li id="m_1" class='m_li_1'><a href="/default.aspx">首页</a></li>
            <li class="m_line"><img src="images/line_red.jpg" /></li>
            <li id="m_2" class='m_li'><a href="#">学院概况</a></li>
            <li class="m_line"><img src="images/line_red.jpg" /></li>
            <li id="m_3" class='m_li' ><a href="#">机构设置</a></li>
            ...
            <li class="m_line"><img src="images/line_red.jpg" /></li>
            <li id="m_11" class='m_li' ><a href="#">人才招聘</a></li>
        </ul>
    </div>
    <div id="subbox">
    <ul class="smenu">
        <li style="padding-left: 16px;" id="s_1" class='s_li'>
        </li>
        <li style="padding-left: 16px;" id="s_2" class='s_li'>
                <a href="#">学院简介</a><span>|</span>
                <a href="#">历史沿革</a><span>|</span>
                <a href="#">现任领导</a><span>|</span>
                <a href="#">历任领导</a><span>|</span>
                <a href="#">学院形象</a><span>|</span>
                <a href="#">美在校园</a><span>|</span>
                <a href="#">校园地图</a><span>|</span>
                <a href="#">校园文化</a><span>|</span>
                <a href="#">学校章程</a>
        </li>
```

```
            <li style="padding-left: 112px;" id="s_3" class='s_li'>
                <a href="#">党群组织</a><span>|</span>
                <a href="#">行政部门</a><span>|</span>
                <a href="#">直属单位</a><span>|</span>
                <a href="#">教学单位</a>
            </li>
            ...
        </ul>
    </div>
</div>
```

分析源代码，这个导航中的二级菜单和一级菜单没有采用嵌套的列表来实现，但一级菜单项（id="m_index"）和对应的二级菜单（id="s_index"）之间通过编号可以一一对应。由此得到该导航特效的实现思路是：

（1）先将二级菜单全部隐藏（display:none;）。

（2）当鼠标指针悬停到一级菜单项时，提供一级菜单项的 id 号得到相应二级菜单的 id，如果存在对应的二级菜单，则显示（display:block;）。在此之前隐藏其他二级菜单项。

据此，创建脚本，实现此特效：

```
// 二级菜单
var mlis=document.getElementById("menu").getElementsByTagName("li");
for(var i=0;i<mlis.length;i++){
    mlis[i].onmouseover=function(){
    var slis=document.getElementById("subbox").getElementsByTagName("li");
    // 隐藏所有二级菜单
    for(var k=0;k<slis.length;k++)
        slis[k].style.display = "none";
    // 如果是一级菜单项，通过一级菜单的 id，映射对应二级菜单的 id
    if(this.className=="m_li"){
        var mid=this.id;
        var sid="s"+mid.substr(1,2);
        // 如果存在二级菜单，将其显示
        if(document.getElementById(sid))
            document.getElementById(sid).style.display="block";
    }
    }
}
```

任务 3 使用 JavaScript 实现选项卡特效

8.3.1 选项卡在页面中的使用

校园网中需要列出多种类型的新闻，在有限的页面空间中，为了显示更多的内容，可以采用选项卡的方式来组织各种新闻信息。网页中有"学习新闻""校园动态""公告通知""媒体聚焦"4 个选项标卡，当鼠标指针移过标签时，下方新闻列表栏目会相应切换。运行效果如图 8-6 所示。

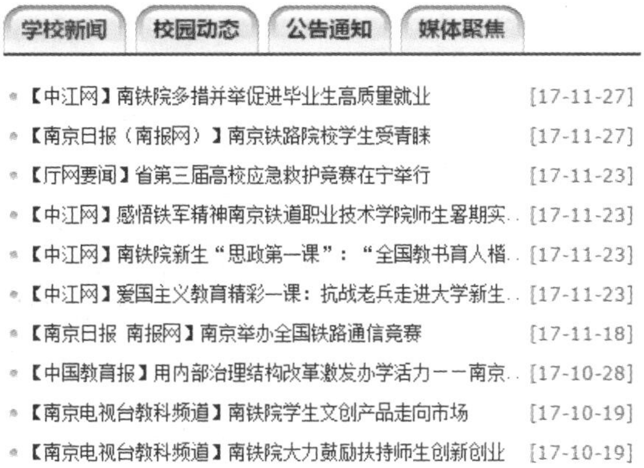

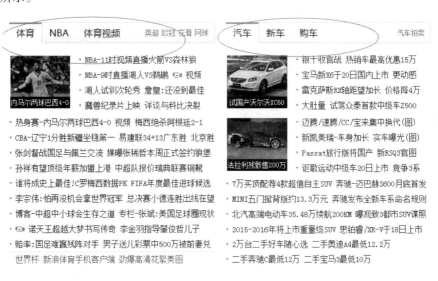

图 8-6　任务的运行效果

选项卡，也称页签，英文用 Tab(Module-Tabs)表示。Tab 将不同的内容重叠放在一个布局块内，重叠的内容区中每次只有其中一个是可见的。

8.3.2　认识选项卡

Tab 可以在相同的空间里展示更多的信息，它把相似的主题分为一类，用户更好理解。Tab 的应用可以缩短页面屏长，降低信息的显示密度，同时又不牺牲信息量。在这种趋势下，Tab 这种交互元素成为一个越来越普遍的应用。

各大门户、电商及各色网站的首页都采用了 Tab 表现形式。在门户主要靠广告收入的情景下，首页的位置尺寸是寸土寸金，Tab 因此被广泛应用。当前新浪和网易首页使用的 Tab 不下 10 处，如图 8-7 所示。

图 8-7　选项卡的实际应用

Tab 特点：

（1）每个页签由标题区和内容区组成。

（2）内容区和标题——对应。

（3）至少有两组页签以便可以切换。

（4）所有页签只有两种状态：选中和未选中，页面载入后默认显示第一个。

（5）选中页签（当前页签）只有一个并突出高亮显示。

（6）鼠标单击或上移时切换。

标准的 Tab 标题设计是放在顶部的，也有很多放在左侧，如图 8-8 所示。

图 8-8　左侧选项卡

Tab 选项卡通常有 3 种载入方式：

html 片段：这种方式最常见，Tab 内容在页面打开后即载入，缺点是页面内容较多非第一帧内容也加载，导致页面打开较慢。

Iframe 请求：很多广告采用这种方式，可以加快页面载入，缺点是切换后不能立即展示。

Ajax 请求：通过异步请求拼接 Tab 内容，优缺点同 Iframe。

这里只讲解第一种方式，其他 2 种方式请读者自行分析。

8.3.3　校园网 Tab 实现

校园网中常应用选项卡 Tab 来展示各类新闻内容。鼠标指针悬停到标题时下方栏目会相应切换。运行效果图如图 8-9 所示。

| 学校要闻 | 校园动态 | 公告通知 | 媒体聚焦 |

南京铁道职业技术学院部分设备采购公告　　　　　[17-12-29]

关于平板电脑中标结果公告　　　　　　　　　　[17-12-29]

关于在线开放课程制作服务中标结果公告　　　　[17-12-29]

关于接入交换机中标结果公告　　　　　　　　　[17-12-27]

关于机器人大赛设备中标结果公告　　　　　　　[17-12-27]

关于合同管理系统中标结果公告　　　　　　　　[17-12-27]

关于微课群制作中标结果公告　　　　　　　　　[17-12-27]

南京铁道职业技术学院10号楼铝合金门窗制作安装工程中...　[17-12-25]

南京铁道职业技术学院网络通识教育课程公开询价采购公告　[17-12-25]

南京铁道职业技术学院平板电脑公开询价采购公告　[17-12-20]

图 8-9　选项卡切换

Tab 的实现并不复杂，实现要点是对象的隐藏和显示。只要 HTML 结构合理，JS 给标题添加 click 或 mouseover 事件，让相应的内容隐藏或显示，即可实现选项切换效果。

先来分析一下校园网中选项卡部分的 HTML 结构：

```
<div id="tab">
    <div id="tab_list">
        <div id="news_title_1" class="news_title curr">
            <span>学校新闻</span>
        </div>
        <div id="news_title_2" class="news_title">
            <span>校园动态</span>
        </div>
        <div id="news_title_3" class="news_title">
            <span>公告通知</span>
        </div>
        <div id="news_title_4" class="news_title">
            <span>媒体聚焦</span>
        </div>
    </div>
    <div id="tab_content">
        <div id="tab_content_1">
            <!-- 学院要闻 -->
            <ul class="ul_school">…</ul>
        </div>
        <div id="tab_content_2" class="hide">
        <!-- 校园动态 -->
            <ul class="ul_school">…</ul>
        </div>
        <div id="tab_content_3" class="hide">
            <!-- 通知公告 -->
            <ul class="ul_school">…</ul>
        </div>
        <div id="tab_content_4" class="hide">
            <!-- 媒体聚焦 -->
            <ul class="ul_school">…</ul>
        </div>
    </div>
</div>
```

这里采用 id 或 class 标注选项卡中的各个组成部分，主要包含以下内容：

#tab_list：包含选项卡的所有标题。

.news_title：表示各选项卡标题。

#news_title_index：是每一个选项卡标题的编号。

#tab_content：包含选项卡的内容。

#tab_content_index：是某个选项卡的编号。

先应用 CSS 对这些元素进行样式化处理，使它呈现如效果图所示的格式：

```
.news_title{
    width: 80px;
    height: 30px;
    float: left;
    background: url(../images/title_bg.png) no-repeat;
```

```
        margin-right: 6px;
        text-align: center;
        line-height: 30px;
        color: #3B3330;
        font-size: 14px;
        font-weight: 900;
        font-family: 微软雅黑;
        cursor: pointer;
}
#tab_list .news_title.curr { color: #a5221b; }
#tab_list .news_title:hover { color: #a5221b; }
#tab_content.hide{    /*将class为hide的选项卡暂时隐藏*/
    display:none
}
```

添加脚本，给选项卡标题添加 onmouseover 事件：

```
var
titles=document.getElementById("tab_list").getElementsByTagName("div");
var
contents=document.getElementById("tab_content").getElementsByTagName("div"
);
for(var i=0;i<tabs.length;i++){
    titles[i].onmouseover=function(){
        for(var k=0;k<contents.length;k++)
            contents[k].className="hide";
        var tab_id=this.id.substr(tab_id.length-1,1);
        var content_id="tab_content_"+tab_id;
        document.getElementById(content_id).className="";
    }
}
```

任务 4   使用 JavaScript 实现图片轮显特效

8.4.1   网页图片轮显

图片轮显是一种网页中经常会用到的特效，通过定时交替显示几张图片，有时用于轮显网页 banner，有时用于轮显广告。图 8-10 所示是校园网中轮显的 banner，图 8-11 所示是另一种常见的带编号的轮显图片。

图 8-10   校园网中轮显的 banner

图 8-11 带编号的轮显图片

上面显示的两种轮显，它们的实现思路是一样的，要点主要有两个：

（1）对象的显示和隐藏。

（2）应用定时器。

JavaScript 中创建定时器的方法包括两种：setTimeout 和 setInterval。首先它们接收的参数相同：第一个参数是一个函数，用于定时器执行；第二个参数是一个数字，代表过多少毫秒之后定时器执行函数。它们的不同在于：setTimeout 是在经过指定的时间之后，只执行一次函数；而 setInterval，则是每间隔指定时间执行一次函数。

定时器还有一个用法：消除定时器，方法同样有两种：clearTimeout 和 clearInterval，它们分别对应不同类型的定时器。另外，它们都只接收一个参数，这个参数是定时器返回的一个值，用于指定消除哪个定时器。

8.4.2 实现方法

图片轮显特效的 JavaScript 实现。

HTML 部分：

```html
<div id="wrap">
    <ul id="content">
        <li><img src="img3/1.jpg" alt=""></li>
        <li><img src="img3/2.jpg" alt=""></li>
        <li><img src="img3/3.jpg" alt=""></li>
        <li><img src="img3/4.jpg" alt=""></li>
        <li><img src="img3/5.jpg" alt=""></li>
        <li><img src="img3/6.jpg" alt=""></li>
    </ul>
    <ul id="tips">
        <li>1</li>
        <li>2</li>
        <li>3</li>
        <li>4</li>
        <li>5</li>
    </ul>
</div>
```

CSS 部分代码：

```css
<style>
    ul,li {
```

```css
        list-style:none;
        margin:0;
        padding:0;
    }
    #wrap {
        width:400px;
        height:225px;
        margin:0 auto;
        position:relative;
        overflow:hidden;
    }
    li {  float:left;    }
    #tips li {
        margin:5px;
        border:1px solid #f60;
        width:20px;
        height:20px;
        line-height:20px;
        text-align:center;
        color:white;
        cursor:pointer;
    }
    .active { background: #f60;  }
    img {
        vertical-align:top;
        width:400px;
    }
    #content {
        width:2400px;
        position:absolute;
        left:-1200px;
    }
    #content li { float:left;  }
    #tips {
        position:absolute;
        right:20px;
        bottom:5px;
    }
</style>
```

JavaScript 代码：

```javascript
    var wrap=document.getElementById('wrap');
    var content=document.getElementById('content');
    var tips=document.getElementById('tips');
    var aLi=tips.getElementsByTagName('li');
    var now=0;
    for (var i=0; i<aLi.length;i++) {
        aLi[0].className='active';              //把初始状态定义好
        content.style.left=0+'px';
        aLi[i].index=i;//自定义属性
        aLi[i].onclick=function() {
```

```
            now=this.index;
            play();
        }
    }
```

任务 5　使用 JavaScript 实现图片滚动特效

8.5.1　首页图片滚动特效

在首页中添加脚本，使"视频看点"栏目下的 4 张图片循环向上滚动，如图 8-12 所示。

图 8-12　图片上下滚动

校园网首页上还有另一处相似的图片滚动特效，唯一的区别是图片从右往左循环滚动，如图 8-13 所示。

图 8-13　图片左右滚动

8.5.2　图片滚动特效实现思路

首先，图片无缝滚动的第一个要点是"动"。关于怎么让页面的元素节点动起来，又得借助 JavaScript 中的定时器。其实滚动的原理很简单，就类似电影的原理一样，让元素在很短的时间内发生连续的位移，看起来这个元素就像是在不停地运动。

如何让元素产生位移？通过 JavaScript 修改元素的样式就可以实现，例如：

```
oUl.style.left=oUl.offsetLeft+speed+'px';
```

上面的代码中 speed 就是每次产生的位移。可以修改 speed 的正负值来修改滚动的方向。offsetLeft 是只读属性，返回值是一个数值，其值等于元素左侧距离参照元素（浏览器或父元素）左边界的偏移量（offsetTop 类似）。

下面开始分析滚动展示图片的实现方法，以向左滚动为例，向右或向上滚动的原理是一样的。

首先假设需要循环滚动的图片有 4 张，为了满足图片滚动起来有循环的要求，需要把图片组织成如图 8-14 所示。

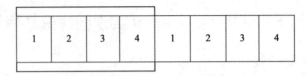

图 8-14　图片左右滚动示意图 1

这样当第一张图片 1 滚动出边框时，后面的图片 1 则出现在图片 4 的后面，这样效果看起来就和循环一样。当图片滚动到图 8-15 所示的这种情况时，继续滚动就会导致图片后面出现空白，就不是循环滚动的效果了，其实这点也是程序的关键所在，每当图片滚动到图 8-15 这种情况时，就应该让图片重新回到图 8-14 那种状态再继续滚动，这样就形成了无缝循环滚动的效果。

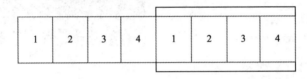

图 8-15　图片左右滚动示意图 2

可以通过结点复制（cloneNode）和插入（appendNode），将列表中的 4 张图片复制后插入到列表尾部，也可以像本例中这样，直接加倍复制图片列表的 innerHTML。

示例中把图片的尺寸都设置为 160×120，运行代码时需要自行准备图片。

8.5.3　操作实践

滚动图片的 HTML 结构：

```
<div id="div1">
  <ul id="ul1">
    <li><img src="img/img_1.jpg"></li>
    <li><img src="img/img_2.jpg"></li>
    <li><img src="img/img_3.jpg"></li>
    <li><img src="img/img_4.jpg"></li>
  </ul>
</div>
```

CSS 样式处理：

```
*{margin:0; padding:0; }
#div1{
    width:640px;
    height:120px;
    margin:100px auto;
    background-color:#646464;
    position:relative;
    overflow:hidden;
}
#div1 ul{
```

```
        position:absolute;
        left:0;
        top:0;
        overflow:hidden;
        background-color: #3b7796;
    }
  #div1 ul li{
        float:left;
        width:160px;
        height:120px;
        list-style:none;
    }
```

JavaScript 代码：

```
window.onload=function(){
    var oDiv=document.getElementById('div1');
    var oUl=document.getElementById('ul1');
    var speed=2;//初始化速度
    oUl.innerHTML+=oUl.innerHTML;//图片内容*2
    var oLi= document.getElementsByTagName('li');
    oUl.style.width=oLi.length*160+'px';//设置 ul 的宽度使图片可以放下

    function move(){
        //向左滚动，当靠左的图 4 移出边框时
        if(oUl.offsetLeft<-(oUl.offsetWidth/2)){
            oUl.style.left=0;
        }
        oUl.style.left=oUl.offsetLeft+speed+'px';
    }
    var timer=setInterval(move,30);//全局变量，保存返回的定时器
    oDiv.onmouseout=function() {
        timer=setInterval(move,30);
    }
    oDiv.onmouseover=function() {
        clearInterval(timer);//鼠标移入清除定时器
    }
}
```

任务 6　使用 JavaScript 实现鼠标拖动特效

鼠标拖动是网页中一个比较高级的特效，本任务以百度网站的登录窗口为例，介绍可拖动对话框的实现原理以及元素触发脚本的方法和编写侦听事件的方法。通过本任务，将学会如何制作弹出窗口特效，了解把元素设置为可拖动的原理。

8.6.1　实现鼠标拖动控制登录窗口

在百度首页单击"登录"超链接，会出现一个可以拖动的登录浮层。这个登录浮层有个半透明的遮罩，它支持标题栏的拖动，在标题栏区域之外拖动是无效的，它的拖动范围被限定在可视区域内，如图 8-16 所示。

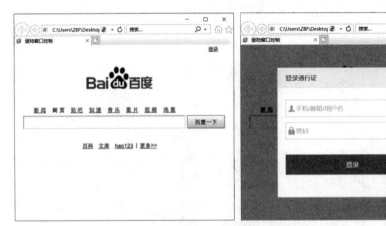

图 8-16　可以拖动的登录浮层

　　拖动的实现原理其实并不复杂：拖动鼠标时，用鼠标的新位置不断更新被拖动元素的位置（position）。可以将这个过程分解为三步：鼠标指针在登录窗口的标题栏上按下时，将浮层元素标记为可以拖动；鼠标指针开始移动时，先检测浮层元素是否标记为可以拖动，如果是，让浮层跟随鼠标指针一起移动，如果否，则忽略；当释放鼠标时，标记元素不可拖动。

　　实现的基本思路如下：

```
拖动状态 = 0
鼠标指针在元素上按下时{
    拖动状态 = 1
    记录下鼠标指针的 x 和 y 坐标
    记录下元素的 x 和 y 坐标
}
鼠标指针在元素上移动时{
    如果拖动状态是 0 就什么也不做。
    如果拖动状态是 1，那么
    元素 y = 现在鼠标 y －原来鼠标 y ＋原来元素 y
    元素 x = 现在鼠标 x －原来鼠标 x ＋原来元素 x
}
鼠标指针在任何时候释放时{
    拖动状态 = 0
}
```

8.6.2　知识学习

1．鼠标拖动效果的实现

　　如果要设置物体拖动，那么必须使用 3 个事件，并且这 3 个事件的使用顺序不能颠倒。

onmousedown：鼠标按下事件

onmousemove：鼠标移动事件

onmouseup：鼠标抬起事件

　　鼠标的移动也就是 x、y 坐标的变化；元素的移动就是 style.position 的 top 和 left 的改变。并不是任何时候移动鼠标都要造成元素的移动，而应该判断鼠标左键的状态是否为按下状态，是否是在可拖动的元素上按下的。

2. 几个 JavaScript 鼠标及对象坐标控制属性

screenX:鼠标位置相对于用户屏幕水平偏移量，而 screenY 则是垂直方向的，此时的参照点，也就是原点是屏幕的左上角。

clientX:鼠标指针位置相对于窗口客户区域的 x 坐标，其中客户区域不包括窗口自身的控件和滚动条。与 screenX 相比，就是将参照点改成了浏览器内容区域的左上角，该参照点会随着滚动条的移动而移动。

pageX：参照点也是浏览器内容区域的左上角，但它不会随着滚动条而变动。

offsetX：鼠标指针位置相对于触发事件的对象的 x 坐标。

clientHeight：内容可视区域的高度，也就是说页面浏览器中可以看到内容的这个区域的高度，一般是最后一个工具条以下到状态栏以上的这个区域，与页面内容无关。

8.6.3 操作实践

1. 登录浮层静态页面实现

搭建一个基本页面（除了页面右上角的"登录"超链接，其他都是背景图片）并设置页面的基本样式。

```
<!DOCTYPE html>
<html>
<head>
<meta http-equiv="Content-Type" content="text/html; charset=utf-8" />
<title>登录窗口控制</title>
<style type="text/css">
body{
        background: url(images/baidu_demo.png) #fff top center no-repeat;
        padding: 0px;margin: 0px;
        font-size: 12px;font-family: "微软雅黑";
}
</style>
</head>
<body>
</body>
</html>
```

根据实现效果，先分析一下登录窗口的结构，如图 8-17 所示。

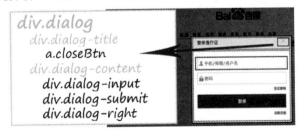

图 8-17　登录窗口结构分析

登录窗口用一个 class 为 dialog 的 div 标注，该模块又包含两个子结点：用于显示登录标题的 dialog-title 和显示登录主体内容的 dialog-content；登录标题右侧包含一个"关闭"按钮 closeBtn；

登录主体部分由三类元素构成：输入元素 dialog-input、提交按钮 dialog-submit、右侧对齐的链接文字 dialog-right。据此，在网页中添加与登录对话框对应的 html 模块如下：

```html
<div class="dialog" id="dialog">
    <div class="dialog-title" id="dialog-title">登录通行证
        <a class="closeBtn" id="closeBtn" href="#"></a>
    </div>
    <div class="dialog-content">
        <div class="dialog-input">
            <input id="username" type="text" placeholder="手机/邮箱/用户名" />
        </div>
        <div class="dialog-input">
            <input id="password" type="password" placeholder="密码" />
        </div>
        <div class="dialog-right">
            <a href="#">忘记密码</a>
        </div>
        <div class="dialog-submit">
            <input type="submit"id="submit" value="登录" />
        </div>
        <div class="dialog-right">
            <a href="#">立即注册</a>
        </div>
    </div>
</div>
```

设置 dialog 的基本样式。要让窗口能自由移动，那么窗口的定位（position）应该采用绝对定位（absolute）：

```css
.dialog{
        z-index:1000;
        width:380px;height:auto;
        border:1px solid #d5d5d5;
        background-color: #fff;
        position: absolute;
        left:0;
        top:0;
        display: none;
}
.dialog a{text-decoration: none;}
.dialog-title{
        height:48px;
        line-height: 48px;
        background-color: #f5f5f5;
        padding-left:20px;
        font-size:16px;
        cursor:move;
}
.closeBtn{
        width:16px;
        height:16px;
```

```
        position:absolute;
        top:12px;
        right:20px;
        background: url("images/close_def.png") no-repeat;
}
.closeBtn:hover{background: url("images/close_hov.png") no-repeat;}
.dialog-content{padding:15px 20px;}
.dialog-input{text-align: center;}
.dialog-input input{
        width:100%;
        height:40px;
        line-height: 40px;
        font-size: 16px;
        margin-top:15px;
        text-indent:30px;
        outline:none;
        border:1px solid #d5d5d5;
}
#username{
        background: url("images/input_username.png") no-repeat left center;
}
#password{
        background: url("images/input_password.png") no-repeat left center;
}
.dialog-right{text-align:right;padding-right:20px; line-height:30px;}
.dialog-submit input{
        width:100%;
        height:50px;
        line-height:50px;
        text-align: center;
        background-color: #3b7ae3;
        color:#fff;
        font-size: 16px;
        outline: none;
        border:1px solid #d5d5d5;
}
.dialog-submitinput:hover{
        background-color: blue;
}
```

2. 遮罩及登录链接布局实现

创建一个 class 为 mask 的 div，作为遮罩层，同时设置其 id 为 mask，方便后续脚本对其进行处理。因为这是一个遮罩层，为其添加 onselectstart="return false"，防止鼠标选中事件。

```
<div class="mask" id="mask" onselectstart="return false"></div>
```

然后设置登录链接的 html，在页面中增加超链接：

```
<div class="link">
        <a href="#" id="login">登录</a>
</div>
```

设置登录链接所在 div 的 CSS 样式：

```
.link{
        text-align: right;
        line-height: 20px;
        padding-right: 40px;
}
```

设置遮罩层样式：

```
.mask{
        width:100%;
        height:100%;
        background: #000;
        position: absolute;
        top: 0px;
        height: 0px;
        z-index: 8000;
        opacity:0.4; filter: Alpha(opacity=40);
}
```

因为是遮罩层，要通过透明度设置，将其设置为半透明，注意透明度设置时的兼容性问题（IE 低版本不支持 opacity，只支持 filter）。

遮罩层的展示和隐藏都是后期通过脚本动态控制的：单击"登录"超链接，显示这个遮罩层；单击对话框上的"关闭"按钮，则隐藏该遮罩层。初始状态时，遮罩层并不显示。可以通过设置"display:none;"，将遮罩层暂时隐藏。

3. 设置遮罩全屏及自动居中

这部分脚本主要使用函数式编程，即传入一个参数，通过函数去实现操作，每个函数都能实现特定的功能。这样做可以方便功能复用。接下来需要先定义几个函数，分别实现元素获取、自动居中、自动全屏等功能。

定义功能函数 g()，用于获取网页元素对象。有了这个函数，在后续的脚本编写过程就不必反复编写 document.getElementById 了。

```
//获取元素对象
function g(id){return document.getElementById(id);}
```

定义 autoCenter()函数，自动居中函数用于将登录窗口水平和垂直居中在页面中。自动居中函数接受类型为 element 的对象。

```
//自动居中元素（el = Element）
function autoCenter( el ){
        //获得网页可视区域的宽度和高度
        var bodyW = document.documentElement.clientWidth;
        var bodyH = document.documentElement.clientHeight;
        //获取将要设置元素的实际宽度和高度
        var elW = el.offsetWidth;
        var elH = el.offsetHeight;
        //设置元素居中
        el.style.left = (bodyW-elW)/2 + 'px';
        el.style.top = (bodyH-elH)/2 + 'px';
}
```

定义 fillToBody()函数，用于将遮罩层自动填满整个窗口。该函数也接受类型为 element 的对象。只要将传入的元素对象的宽度和高度设置为当前可视区域的宽度和高度即可。

```
//自动扩展元素到全部显示区域
function fillToBody( el ){
        el.style.width=document.documentElement.clientWidth +'px';
        el.style.height=document.documentElement.clientHeight + 'px';
}
```

4．控制对话框的显示和隐藏

定义函数 showDialog()和 hideDialog()，用于显示和隐藏对话框。

```
function showDialog(){
        g("mask").style.display="block";
        g("dialog").style.display="block";
        autoCenter(g("dialog"));
        fillToBody( g('mask') );
}
function hideDialog(){
        g("mask").style.display="none";
        g("dialog").style.display="none";
}
```

设置 showDialog()函数和 hideDialog()函数的触发时机，在页面加载事件中，将 showDialog()函数和 hideDialog()函数分别挂载到登录链接和"关闭"按钮的单击事件上，并初始化变量，设置登录窗口当前为不可拖动。

```
window.onload=function(){
        //g("login").addEventListener("click",showDialog);
        g("login").onclick=showDialog;
        g("closeBtn").onclick=hideDialog;

        var isDraging=false;  //是否可拖动的标记
        var offsetX=0;          //偏移
        var offsetY=0;
}
```

5．实现三个关键的鼠标拖动事件

鼠标事件 1：鼠标指针在标题栏上按下时，要计算鼠标相对拖动元素的左上角的坐标，并标记元素为可拖动。

鼠标事件 2：鼠标指针开始移动，要检测登录浮层是否标记为可移动，如果是，则更新元素的位置到当前鼠标的位置。

鼠标事件 3：释放鼠标时，标记元素为不可拖动状态。

下面依次实现这三个事件：

鼠标事件 1 中，鼠标在标题栏上按下时，要先获取鼠标事件对象，并计算鼠标坐标偏移，并标记登录浮层为可以拖动（isDraging=true）。

```
//鼠标事件 1
g("dialog-title").onmousedown=function(e){
    e=e||window.event;
    var mouseX=e.pageX;
    var mouseY=e.pageY;
```

```
        offsetX=mouseX-g("dialog").offsetLeft;
        offsetY=mouseY-g("dialog").offsetTop;
        isDraging=true;
    }
```

鼠标移动时，要先检测登录浮层当前是否标记为可以拖动（isDraging），如果是，则更新元素的位置到当前鼠标指针的位置；如果否，则忽略操作。

```
//鼠标事件2
g("dialog-title").onmousemove=function(e){
    e=e||window.event;
    var mouseX=e.pageX;     //鼠标当前的位置
    var mouseY=e.pageY;
    var endX=0;             //浮层元素的新位置
    var endY=0;
    if(isDraging==true) {
        endX=mouseX-offsetX;
        endY=mouseY-offsetY;
        //控制拖动物体的范围只能在浏览器视窗内，不允许出现滚动条
        //endX>0 并且 endX<(页面最大宽度-浮层宽度)
        //endY>0 并且 endY<(页面最大高度-浮层高度)
        if(endX<0)
            endX=0;
        if(endY<0)
            endY=0;
            maxX=document.documetElement.clientWidth-g("dialog").offsetWidth;
            maxY=document.documetElement.clientHeight-g("dialog").offsetHeight;
        if(endX>maxX)
            endX=maxX;
        if(endY>maxY)
            endY=maxY;
        //移动时重新得到物体的距离，解决拖动时出现晃动的现象
        g("dialog").style.left=endX+"px";
        g("dialog").style.top=endY+"px";
    }
}
```

释放鼠标时，标记登录浮层为不可拖动（isDraging=false）即可。这里的释放鼠标不是在标题栏上设置，而是针对整个 document，如果针对标题栏设置释放鼠标事件，可能会由于鼠标指针移动过快，释放时，鼠标已经不在标题栏上，这样就无法进行正确的处理，所以这里对 document 进行 onmouseup 事件的处理。

```
//鼠标事件3
document.onmouseup=function(){
    isDraging=false;
}
```

预览页面，看一下效果：单击"登录"按钮，显示登录浮层；单击"关闭"按钮，隐藏登录浮层。当窗口大小改变时，水平滚动条和垂直滚动条出现，这时需要进行两步操作：

（1）保持登录浮层居中。

（2）保持全屏遮罩，使之不会出现滚动条。

可以设置一个窗口大小改变的事件处理：

```
/*窗口改变大小时的处理*/
Window.onresize=function(){
    autoCenter(g("dialog"));
    fillToBody( g('mask') );
}
```

登录浮层的拖动特效到这里已全部实现。

练习与提高

1. 编写注册功能的代码，实现 8-18 所示的表单验证。

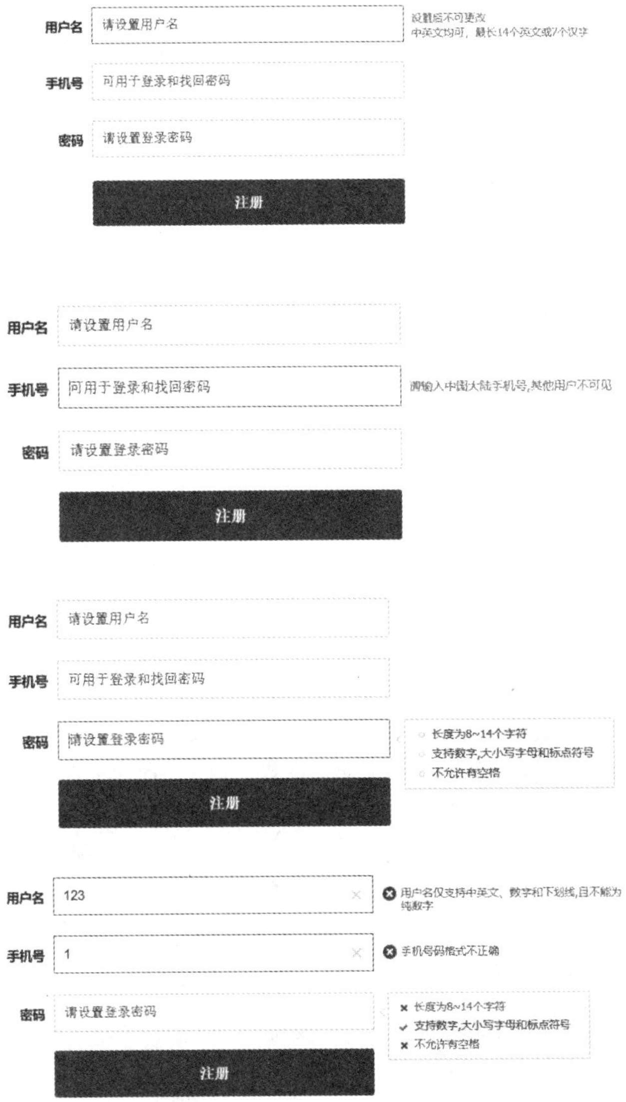

图 8-18　注册表单验证

2. 编码实现图片左右滚动特效，如图 8-19 所示。

图 8-19　图片左右滚动特效